人工智能前沿理论与技术应用丛书

自然语言表示学习

文本语义向量化表示研究与应用

黄河燕　刘　茜　编著

電子工業出版社
Publishing House of Electronics Industry
北京·BEIJING

内 容 简 介

文本语义向量化表示是指将自然语言编码为计算机可处理的、蕴含语义特征的向量的过程。在人工智能领域，语义表示学习是实现让机器理解自然语言的第一步，是机器处理文本数据和完成各种自然语言处理任务的基础，其性能的优劣直接影响下游任务的效果。因此，语义表示学习具有重要的研究意义和实用价值。本书梳理了文本语义向量化表示的基础理论，详细介绍了分布式表示和预训练语言模型，介绍了增强关联模式、融合知识、融合任务特征等典型的语义表示方法，并以机器阅读理解任务为例，介绍了文本语义向量化表示在人工智能领域的实际应用。最后本书对文本语义向量化表示技术进行了总结和未来研究展望。

图书在版编目（CIP）数据

自然语言表示学习：文本语义向量化表示研究与应用 / 黄河燕，刘茜编著. —北京：电子工业出版社，2022.9
（人工智能前沿理论与技术应用丛书）
ISBN 978-7-121-43786-1

Ⅰ. ①自… Ⅱ. ①黄… ②刘… Ⅲ. ①自然语言处理 Ⅳ. ①TP391

中国版本图书馆 CIP 数据核字（2022）第 101409 号

责任编辑：牛平月
印　　刷：涿州市般润文化传播有限公司
装　　订：涿州市般润文化传播有限公司
出版发行：电子工业出版社
　　　　　北京市海淀区万寿路 173 信箱　邮编：100036
开　　本：720×1 000　1/16　印张：9.25　字数：162.8 千字
版　　次：2022 年 9 月第 1 版
印　　次：2023 年 9 月第 2 次印刷
定　　价：69.00 元

凡所购买电子工业出版社图书有缺损问题，请向购买书店调换。若书店售缺，请与本社发行部联系，联系及邮购电话：（010）88254888，88258888。

质量投诉请发邮件至 zlts@phei.com.cn，盗版侵权举报请发邮件至 dbqq@phei.com.cn。

本书咨询联系方式：（010）88254454，niupy@phei.com.cn。

前言

本书从文本语义向量化表示学习的研究和应用两个方面展开研究。文本语义特征是复杂多样的。本书将研究如何利用多源信息发掘文本的语义特征，以及如何在实际应用中运用文本语义的向量化表示。在自然语言中，词、短语、句子、段落、文档等是不同粒度的文本，其中词是文本组成的基本单位，词语义特征表示是文本表示的基础。具体来说，本书首先介绍了文本语义向量化表示的基础理论，然后着重介绍了分布式语义表示方法和预训练语言模型方法，最后针对实际应用中的语义表示需求进行了如下四方面的研究。

1．如何利用语料中长距离的关联模式信息

利用无标注的语料是语义表示学习最流行、最便捷的方式。现有的分布式语义方法仅使用到上下文窗口中的共现信息，忽略了上下文窗口以外的词之间的语义关联。现有的基于语料的语义表示方法难以利用语料中具有关联关系的远距离共现词。针对这一缺陷，本书研究增强关联模式的语义表示方法，通过从语料中挖掘长距离的无监督的关联信息并嵌入向量空间，提升词语义向量化表示的效果。

2．如何利用知识库中层次化的语义结构信息

无标注的语料与标注的知识库是互补的学习词语义特征的资源。知识库包含专家组织的、准确的、高质量的语义关系。现有的利用知识库的方法仅仅考虑知识库中组成词对的词之间的语义关联，无法利用知识库中其他词之间的整体的、稳定的语义结构信息。针对这一问题，本书研究对知识库中的语义结构进行建模，并设计合理的神经网络将结构信息引入到向量表示空间，加深了语义表示方法对知识库中语义结构的合理利用。知识库通过有向关系（如上下位关系、从属关系等）将词组织成有向图。在知识库的图中，所有词之间的整体结构比每两个词（即词对）间的关系更加稳定。

3．如何利用实际应用中的任务特征

在实际任务中，词除了通用的语义特征信息，还包含与任务相关的特征。为了更好地支持自然语言处理中的实际任务，需要在语义向量空间表示词的任务特征。针对现有的研究中仅考虑词的通用语义特征，无法有效地利用任务特征的问题，本书研究以任务为导向的语义向量化表示模型，并针对文本分类任务设计可增强词类别特征的语义表示方法。针对文本分类任务构建以任务特征为导向的语义空间：首先根据统计信息选取不同类别文本的重要词构建类别词集合；然后在向量空间约束不同类别的特征词，使它们之间具有清晰的分类边界，并调整向量空间的词分布。通过联合训练模型，实现将词的任务特征嵌入语义向量空间，从而能够更好地支持文本分类任务。

4．在机器阅读理解任务中，如何学习问题—文本的多粒度语义表示

在自然语言处理领域，语义表示方法是用于支持文本相关任务的。机器阅读理解验证机器是否能理解文本语义的典型任务，现有的预训练语言模型对该任务效果的提升显著，这表明了语义表示技术对自然语言处理任务的重要性。本书以机器阅读理解作为语义表示的验证任务。机器阅读理解任务是自然语言处理领域的典型应用，文本的语义表示效果直接影响任务效果。现有的预训练语言模型往往直接对问题-文本进行拼接，先学习语义特征表示，然后预测答案在文本中的位置。然而机器阅读理解任务需要先在不同粒度上判断文本是否与问题相关才能更准确地选择答案。针对现有方法无法表示不同粒度问题和文本语义特征的问题，本书研究如何对问题-文本进行多粒度语义特征表示，用于不同粒度的语义匹配，辅助模型抽取正确答案。

本书共分为 9 个章节，各个章节内容安排如下。

第 1 章绪论，介绍了语义表示学习的研究背景和研究意义，简要介绍了国内外相关工作，以及本书的研究内容和组织结构。

第 2 章介绍了语义表示学习的基础信息，对现有的语义表示学习技术和应用进行了系统介绍，为后续的研究进行了铺垫。

第 3 章介绍了分布表示方法，对基于聚类、矩阵分解和神经网络的词向量表示方法进行详细阐述、比较。

第 4 章介绍了预训练语言模型的语义表示方法，对目前主流的预训练语言模型进行了详细介绍、对比。

第 5 章介绍了增强关联模式的语义向量化表示方法，分析了如何将关联模式信息引入语义表示，提升文本语义表示的能力。

第 6 章介绍了基于知识的文本语义向量化表示，阐述了如何将结构化的知识库引入语义表示，提升文本语义表示的能力。

第 7 章介绍了文本分类中任务导向的语义表示方法，通过在向量空间刻画词的类别属性，更好地支持文本分类任务。

第 8 章是面向机器阅读理解的多粒度语义表示方法，研究如何在预训练语言模型中对问题和文本进行多粒度语义特征表示，辅助阅读理解模型抽取正确答案。

第 9 章对本书的整体工作进行了总结与分析，并对下一步研究工作进行了展望。

目 录

第 1 章

绪论

1.1 研究背景及意义

语言是人类交流思想、表达情感最主要的工具。语言是复杂的符号系统，包括语音系统、词系统和语法系统，并随着人类社会的发展而产生和发展。机器对语言的理解是智能化信息处理的重要支撑，对推进人类与机器的有效沟通和自由交互具有重要的意义。对自然语言的数字化处理，包括语义计算和深度理解等，是人工智能研究领域的核心难题。一方面，由于自然语言具有歧义性和非规范性表达等特点，因此对自然语言的理解需要丰富的知识积累以及在此基础上进行的思维推理，这些特点和挑战成为了阻碍自然语言处理技术取得更大突破的“拦路石”。另一方面，随着网络的兴起，文本数据量急剧膨胀，如何从原始的、海量的文本数据中自动分辨出有效的语义信息并自动挖掘规律，是影响机器走向智能化的重大挑战。深度学习的兴起和计算能力的提升为自然语言处理的研究和发展提供了重要的机会。

在自然语言处理中，文本语义向量化表示将自然语言转换成计算机所能处理的多维实数向量，并将语义特征蕴含在向量中，利用向量计算实现语义计算。对文本语义向量化表示的学习是机器处理自然语言的第一步，其性能的优劣直接影响下游任务的效果。鉴于此，如何学习高质量的文本语义向量化表示成为自然语言处理领域重要的基础研究课题。基于神经网络的语义表示学习及应用示意图如图 1.1 所示。文本的语义表示通过设计不同的神经网络结构，探索如何“理解”文本信息，并将文本语义特征“编码”到向量空间中，用于支撑下游自然语言处理任务。通常，语言包含多种信息，如语义信息、语法信息、类别信息、情感信息等，这些信息蕴含在不同类型的资源中（如无标注文本、知识库等）。

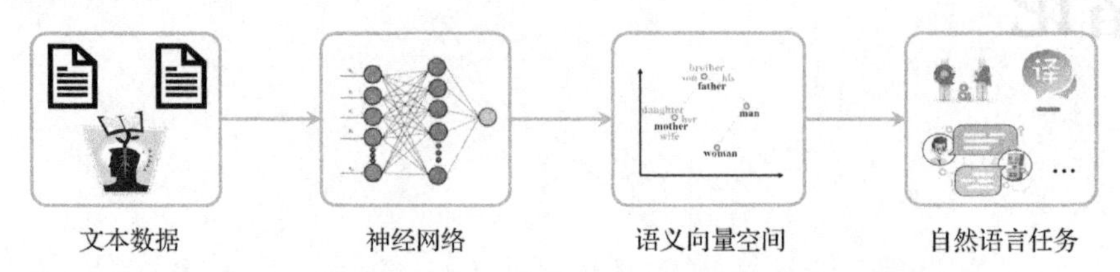

图 1.1　基于神经网络的语义表示学习及应用示意图

现有的自然语言处理方法只能从功能上局部模拟人类对词的使用和理解，尚未真正揭示人类理解自然语言的机制。为了满足计算机对自然语言理解的需求，一个重要的研究课题是如何充分利用不同类型的资源发掘蕴含文本语义特征的信息，并设计合理的网络结构将语义特征表示为低维实数向量，用于支持下游的自然语言处理任务。

研究人员对文本语义表示方法进行了众多的尝试，设计了多种高质量的文本语义表示模型。尽管这些工作的原理各不相同，但它们具有三个共同特点：①在输入形式上：文本语义表示方法的输入主要是大规模文本数据、结构化的知识库等；②在输出形式上：文本语义表示方法的输出主要是将每个词表示成低维度的实数向量；③在模型方面：深度神经网络是目前主流的模型结构，文本语义表示是网络的一种参数，在优化语言模型等任务过程中优化语义表示。为了提升文本语义表示的效果，研究人员在多个方面对文本语义表示方法进行了改进和提升，例如深入挖掘不同类型的资源中蕴含的文本语义特征；利用更大规模的数据并设计合理的神经网络模型，优化任务对文本的语义特征表示；将实际任务需要的特征迁移到语义向量表示空间中，例如情感分类任务中的词情感特征，词性标注、命名实体识别等任务中的语法信息等。

总结来说，文本语义向量化表示作为自然语言处理领域的基础任务，需要设计合适的神经网络对不同粒度、不同类型的文本信号进行语义向量化表示，充分考虑文本在不同情境下的语义特征，以实现对下游任务的精准支撑，提升实际任务的效果。

1.2 基本定义及问题描述

语义的向量化表示作为自然语言处理任务的基础，自诞生以来就受到了学术界和工业界的共同关注。语义向量化表示的定义是使用数值向量来表示文本（词、句子、文档等）的语义信息。语义向量化表示学习是指将自然语言编码为计算机可处理的、蕴含语义特征的向量的过程。在人工智能领域中，语义表示学习是实现机器理解自然语言的第一步，是机器处理文本数据和完成各种自然语言处理任务的基础，其性能的优劣直接影响下游任务的效果。因此，语义向量化表示学习具有重要的研究意义和实用价值。近年来，随着深度学习的快速发展和机器算力的提升，神经网络模型逐渐具备从大规模数据中自动学习语义特征的能力，这奠定了语义表示的研究基础，为我们进一步探究该领域的发展提供了可能性。

早期，传统的独热（One-Hot）文本表示方法使用高维稀疏向量表示词，存在数据稀疏的问题，无法体现词语义特征。在下游任务使用过程中，需要借助人工精心设计的复杂特征（如词法特征、句法特征等）来弥补这些缺陷。这种手工方式无法应对海量的文本信息处理任务，制约自然语言处理智能化的发展。

为缓解上述独热表示方法存在的问题，研究人员提出分布式语义表示方法，将每个词都表示为一个低维度的实数向量，称为词嵌入或者词向量（Word Embedding）。Bengio 等人提出神经网络语言模型，其理论基础是 1954 年 Harris 提出的分布假说（Distributional Hypothesis），即“上下文相似的词，其语义也相似”。该方法将每个词都用一个低维实数向量表示，然后利用神经网络训练语言模型，词向量是神经网络的一类参数。词的语义表示随着语言模型的优化而被优化，进而获得表达语义潜在特征的能力库。与独热表示方法相比，分布式表示方法的优势是：

- 稠密、低维的向量表示方法打破了维度“困境”，解决了数据稀疏问题，并能显著提升计算效率、节约计算资源；
- 向量每一维度的数据都表示一种直接或潜在的词语义特征，例如上下文、概念属性等；向量间的线性变化可以表示词间的语义关系，具有语义计算、相似度测量简洁的特点；
- 低维实数向量化的词表示方式不拘于形式，适用性强，可以应用于不同类型的数据、不同语种，以及结构化和半结构化的文本表示，同时方便向矩阵、张量等数据结构进行扩展，实现异构信息的融合。

随后，深度学习方法在图像、语音等领域取得了瞩目的成绩，基于神经网络的深度学习技术也随着自然语言处理的研究产生了具有冲击性的改变，成为了分布式语义表示方法研究的主要技术。研究人员在语义表示领域做了众多尝试，利用深度学习开发了多种高质量、高效率的方法，从大规模语料中自动、快速地学习语义特征。典型的模型是 Word2Vec 方法和 GloVe 方法。Word2Vec 方法通过使用单层神经网络结构，利用上下文预测任务从大规模语料中学习词的语义特征表示；以及 GloVe 方法利用全局共现矩阵分解的方法学习词的语义特征。随后，研究人员深入分析了文本的多方面语义特征，并将其语义的多方面特征融入到向量表示空间中，提升语义表示的质量，如词的义素信息、词属性信息、知识库中的语义关系等。这些方法的研发极大推动了词向量的发展，随之而来的多种高质量的词向量库公开发布，方便研究人员将其直接应用到自然语言处理任务中，有效地解决机器学习中文本语义表示的问题，这也使其迅速成为研究的热点，并被广泛应用在各种自然语言处理任务中，如问答系统、信息检索、机器翻译、文本分类等。

分布式语义表示方法可以有效地将语义特征嵌入到低维向量空间里，但是其主要的缺陷是每个词使用一个固定的向量进行表示，无法根据语境动态调整其语义表示。为了解决上述问题，研究人员提出了预训练语言模型（Pre-trained Language Model）的方法，通过在超大规模的文本数据上进行模型的预训练，并将整个模型迁移到下游任务中，根据语境信息对文本的语义特征进行动态表示。借助计算机算力的提升，预训练语言模型可以使用更大的数据集来充分训练模型参数，增强模型的泛化能力，提供了更好的模型初始化。在利用大规模信息进行预训练的阶段，不同的方法设计了不同的预训练任务，并借助 Transformer（变形器）等编码器获取更长距离上的文本依赖信息。典型的预训练语言模型有：ELMo 方法，设计了双向的语言模型的预训练任务，对前向和后向语言模型进行了拼接；BERT 方法，设计了掩码语言模型任务，可以利用双向的上下文信息。预训练语言模型通过在大规模数据上进行预训练，使得模型具备了文本的语义信息，然后预训练模型将整个表示网络应用到下游任务，根据具体任务对模型进行精调。由于预训练语言模型一方面可以避免下游任务中对神经网络进行随机初始化，另一方面可以对文本语义特征进行动态表示，解决一词多义等问题，所以该方法在当时众多自然语言处理任务中取得了最好的任务效果，显著地超越了分布式语义表示方法。

目前，研究人员公开发布了多种预训练语言模型及代码，推动预训练语言模型成为自然语言处理的新范式。研究人员对预训练语言模型进行了深入研究，提出了 XLNet、RoBERTa、SpanBERT 等多种模型，并通过改进模型结构、训练任务等方式不断提升语义表示能力，使其成为当前自然语言处理领域的研究热点。

综上所述，在自然语言处理领域，文本语义表示是基础任务。文本语义表示方法的变革和效果的提升都极大程度地推动了下游任务的效果。本书针对文本语义向量化表示进行探究，介绍文本语义向量化表示的方法，及其在实际自然语言处理任务中的应用。

第2章 语义表示学习的基础信息

语义表示学习（Semantic Representation Learning）是数据表示学习（Data Representation Learning）的分支，主要研究如何将文本映射到低维度连续的向量空间，建立文本到向量空间的映射。

2.1 发展历史

自然语言处理领域中，语义表示学习的发展主要包括三个阶段：独热表示（One-hot Representation）、分布式表示（Distributed Representation）和预训练语言模型（Pre-trained Language Model）。

传统的语义表示方法采用独热表示方法。该方法使用一个高维且稀疏的向量表示词，即向量空间的维度是词典的大小，每个词向量中只有一个维度上的数据为 1，其余维度数据为 0。向量仅能表示这个词在词典中的索引信息。这种独热表示方法存在明显的缺点：

- 严重的数据稀疏：每个向量仅在一个维度上有信息，所有词向量组成的矩阵是一个庞大的稀疏矩阵；

- 计算复杂度高：在大规模语料中词典通常很大，因此向量的维度很高，在文本处理和语义相似度计算过程中，高维度向量计算严重浪费存储空间和计算资源，并且庞大的特征维数极易造成过拟合，影响任务效果；
- 无法表示语义特征：由于向量中唯一的非零元素仅记录了词的索引位置，没有记录词的语义信息，因此独热表示方法在实际应用中无法体现词间的相似性和语义关联性等语义特征信息。

为了克服独热表示方法的缺陷，Bengio 等人提出了分布式表示方法。分布式表示方法是一种将自然语言词映射到低维连续的实数向量空间的技术。其中，向量的每一个维度都刻画词的一种直接或潜在的语义特征，向量空间维度远远小于词表大小。与独热表示方法相比，分布式表示方法的优势在于：

- 使用低维稠密的向量表示方式，打破了维度“困境”，节约计算资源；
- 向量的每一维度数据都表示一种直接或潜在的信息，携带词的语义特征；
- 通过向量的线性变化可以表示词间语义关系，具有语义计算简便、相似度测量简洁的特点。

借助深度学习的复兴，基于神经网络的分布式表示方法可以从大规模的数据中自动学习词的语义特征，迅速成为了自然语言处理领域的研究热点。2013 年 Mikolov 等人提出了 Word2Vec 方法，利用单层神经网络模型从大规模无标注语料中快速学习词的分布式表示。2014 年，斯坦福自然语言团队 Pennington 等人提出了 GloVe 方法，利用全局共现信息的矩阵分解方法学习分布式表示，并发布了从大规模语料中训练的高质量词向量库，用于支持下游自然语言处理任务。这些方法公开发布了模型代码和词向量库，极大程度上方便了下游任务的进行，可以直接使用高质量的分布式语义表示，避免了从随机初始化的模型开始进行训练。鉴于此，分布式的语义表示方法被广泛应用于自然语言处理领域的任务中，成为了不同模型中必备的文本语义初始化模块。

在分布式表示方法的研究过程中，研究人员发现这种方法的缺陷是使用固定的向量表示词，无法应对一词多义、词表空缺等问题。预训练语言模型的出现在一定程度上解决了这个问题。预训练语言模型是一种动态的语义表示方法，它基于大规模的语料对语言模型进行预训练，然后应用到下游任务过程中，避免了从随机初始化的模型开始进行训练。整个网络及参数被迁移到下游的任务中，在精调阶段模型中的词语义特征可以根据语境信息进行动态调整。在2018年，Peters等人提出了ELMo模型，对前向和后向语言模型进行拼接，学习深层语义特征。Open-AI团队提出了生成式的预训练模型GPT，利用Transformer（变形器）预训练单向语言模型可以更好地捕获词间的关联，学习高质量的预训练语言模型。随后，谷歌研究团队提出了BERT模型，并设计了掩码语言模型任务，同时利用双向的信息学习词的语义特征，该模型在文本分类、机器阅读理解、命名实体识别等十一项任务中均取得了较优的效果，显著超越了传统的方法，极大地推动了预训练语言模型的发展。此后，出现了XLNet、RoBERTa、SpanBERT等多种模型，不断提升预训练语言模型的语义表示能力，使其被广泛应用到自然语言处理任务中，成为了自然语言处理任务的新范式。

总结来说，文本语义的表示经历了独热表示、分布式表示、预训练语言模型三个阶段。作为自然语言处理领域的基础任务，分布式表示方法和预训练语言模型极大推动了当时自然语言处理领域的发展，推动了领域变革，提升了下游任务的效果。

2.2 实际应用

文本语义表示方法已广泛应用于自然语言处理的各项任务中，成为基于神经网络模型的基础模块。本节对自然语言处理领域中不同的任务应用的文本语义表示方法，进行简要介绍。

在情感分析任务方面，语义特征表示需要区分词代表的情感类别，例如喜欢和讨厌分别代表正向和负向的情感。早前的分布表示方式通常利用上下文信息学习词的语义特征，由于具有不同的情感极性的词可能具有相似的上下文，因此具有相似的表示。为缓解这一问题，研究人员针对情感分析任务提出在向量空间中表示词的情感特征。Wu 等人提出对用户和产品信息利用注意力机制学习产品评论的向量化表示，用于支持评论的情感分类任务。Tang 等人针对推特（Twitter）的情感分类任务设计了增强词情感特征的词向量方法，在短文本的情感分类任务中效果良好。Shi 等人针对词的情感特征和领域特征，考虑了在不同的领域中词的情感倾向不同，设计了面向不同领域的文本的情感特征表示方法。这些方法从情感分析的实际任务出发，设计语义表示模型，将情感特征融入到向量空间中，更好地支持了下游任务。

在句子、文档表示任务方面，由于大部分的文本语义表示方法是对词语的语义特征进行表示的，在此基础上如何对句子、文档等长文本信息进行语义表示也是近年来的研究热点问题之一。通常，一段文本的语义由其各组成部分的语义以及它们之间的组合方法所确定。Liu 等人提出基于主题信息的词向量方法，从语料中刻画目标词与主题的关系，在向量空间中考虑词在文档中的主题信息，更好地支持文本分类等任务。常用的句子表示方法对上下文中的词不做区分，仅仅通过拼接、求和、求均值等方法表示上下文信息。但是上下文中不同词的信息并不是等价的，这种统一压缩的方式会丢失上下文中的信息。Wang 等人引入注意力模型，通过在训练过程中加入区域的移动、缩放机制从而更好地保存上下文信息，提升句子语义表示的质量。预训练语言模型可以更好地对长句子之间的关联信息进行刻画，学习更好的句子、文档的语义表示。例如 BERT 模型中引入了下一句预测任务，可以刻画句子之间的联系。Reimers 等人在基于 BERT 模型的基础上，利用一个三元的网络结构学习句子的语义特征，使得预训练语言模型中可以更好地使用余弦相似度计算句子之间的语义关系。

在多语言任务方面，按照语系划分，不同语言之间在形态学、句法学、语义学和语用学等方面存在巨大的差异，例如英文句子结构多为从句，中文多为分句。近年来结合语种特点的语义表示方法的研究不断深入，研究人员发现结合语种的特点改进模型有利于提升词向量的语义表达能力。以中文词向量构造方法研究为例，Zheng 等人研究利用组成词的每个字的语义知识，Sun 等人考虑中文文字的部首信息。Faruqui 等人提出将两种语言的语义表示空间转换到一个向量空间中，并且能够在新空间中保持各自空间的词之间的联系。这种方法在词相似性任务评测上效果比基于单语言语料的词向量更好。Hill 等人通过实验说明利用多语言语料获得的语义特征除了能很好地表示语义和句法信息外，在刻画概念的相似度方面效果更为明显。基于多语言语料的词向量构造方法，利用任务本身的数据和资源提升词向量的质量，可以更好地支持机器翻译等任务。另外，在预训练语言模型方面，研究人员开发了多种多语言的预训练语言模型。例如谷歌人工智能研究团队开发了 Multilingual-BERT 模型，Facebook 研究团队开发了跨语言的预训练语言模型，Chi 等人开发了跨语言预训练生成模型等，为多语言的自然语言处理任务提供了高质量的语义特征表示。

在跨领域任务方面，由于词在不同的领域中可能有不同的语义特征，对同一个词在不同领域中使用相同的语义表示会损伤任务效果。利用领域适应的方法刻画不同领域的语义分布成为目前的研究热点之一。Bollegala 等人提出非监督的跨领域的词向量表示方法，首先选取不同领域中语义特征不变的词作为中枢词，然后利用中枢词预测源域、目标域的非中枢词，并且对齐源域、目标域中中枢词的表示，实现源域、目标域的跨领域表示学习。Bollegala 等人研究情感分类任务，针对不同领域学习不同的语义向量表示。Yang 等人提出从大规模语料中学习语义知识，并基于迁移学习首先学习资源丰富的源域的向量表示，再在目标域进行上下文预测的过程中对中枢词进行对齐。基于语义知识迁移学习的方法，可以更好地刻画不同领域的语义特点，将高质量的可迁移的语义知识融合到语义向量空间中。在跨语言、跨领域的实际任务中的效果明显优于单一领域的语义表示方法。

在信息检索任务方面，文本语义表示方法可以辅助语义计算，进而提升信息检索任务。例如在查询词扩展任务中，在对查询词进行检索时，通过选择与查询词相关的词对查询词进行扩展，可以更好地表示用户的查询目的。由于大部分的语义表示方法主要依靠上下文信息学习语义特征，仅刻画词之间的相似度，与信息检索领域需要刻画词之间的相关度的目标不相符。为了解决这一问题，研究人员针对如何在向量空间强调词间的相关关系进行了深入的研究。例如 Zamani 等人针对信息检索任务提出基于相关度的词向量方法，学习每个词与查询词的相关性分布。Diaz 等人提出获取每个查询词的局部训练语料，用于训练基于局部信息的词向量，可以更好地支持查询词检索任务。

在机器阅读理解方面，语义表示学习需要对问题和文本进行特征表示，帮助阅读理解模型深入理解问题和文本的关系，返回问题的答案。作为自然语言理解领域的核心任务之一，机器阅读理解任务的效果严重依赖文本语义表示。早期，机器阅读理解任务利用分布表示方法对问题和文本进行特征表示。例如 Hermann 等人提出利用注意力模型学习文本和问题之间的相关信息，根据相关度提取答案。Xiong 等人提出用动态协调网络回答问题。目前，机器阅读理解任务主要依赖预训练语言模型。为进一步提升机器阅读理解的任务效果，Yang 等人提出将知识库中的知识融入到预训练语义模型中，提升问题-文本的语义表示效果。Wang 等人提出在应用预训练语言模型时同时显式地利用常识知识。Hu 等人在利用预训练语言模型表示问题-文本预测答案的基础上，提出利用一个判别器验证候选答案是否符合问题的需求，帮助阅读器提升答案预测的准确率。Nie 等人提出利用预训练语言模型训练段落级和句子级的选择器，过滤掉与问题不相关的句子，并将剩余的句子拼接起来预测答案。

总结来说，面向自然语言处理任务的文本语义表示方法，一方面研究如何利用常识、背景知识等信息提升文本的表示效果，另一方面研究如何根据实际任务设计和利用文本语义表示方法。高质量的语义表示方法可以直接提升下游自然语言处理任务的效果。

第 3 章

分布式表示方法

在语义表示学习领域，词语义表示是主要的研究内容，也是其他粒度文本（如短语、句子、段落、文档等）表示的基础。分布式表示学习旨在从大规模的无标注语料中，学习词表中每个词的向量化表示。分布式表示学习的理论基础是分布假说，即具有相似上下文的词具有相似的语义。

3.1 概述

对词的表示是计算机处理自然语言的第一步。词表示的研究属于数据表示的分支，是机器学习的基础工作。自然语言中词通常包含多种特征信息，如语义信息、语法信息、类别信息、情感信息等，对词的表示需要充分融入这些特征，以满足计算机对自然语言理解的需求。

在自然语言处理领域，单个词通常被映射到向量空间中的一个点，向量中的每一维都表示词的一种直接或潜在的特征。本节重点探讨分布式的词表示模型（Distributional Models of Semantic），也被称为词嵌入（Word Embedding），是一种将自然语言的词映射到低维实数向量空间的词表示技术，其中向量的每一个维度都刻画词的一种直接或潜在的语义特征。

词表示的效果直接影响计算机对自然语言的理解以及任务的效果。在文本处理的实际任务中，一方面，优质的词嵌入可以辅助计算机更好地理解自然语言的语义信息，更准确地刻画词间的相似性和语义关系，因此可以有效地缓解任务中语义空缺的问题。另一方面，词嵌入可以通过向量间的数学计算刻画词语义相似度，辅助强化任务中相似度测量的效果，如问句相似度检测、文档相似度检测等。基于上述优点，词嵌入被广泛应用在自然语言处理任务中，有效地提升机器翻译、问答系统、情感分析和命名实体识别等任务效果，迅速成为自然语言处理领域研究的热点。借助于计算机处理能力的提升和深度学习方法的引入，词嵌入构造方法蓬勃发展，吸引了国内外众多研究人员的关注。通常，词嵌入构造方法的研究内容是如何将词表示为低维实数向量并嵌入从语料中挖掘的潜在语义特征，以实现通过向量间的数学计算度量文本之间的语义关联。

本节从机器学习的理论角度，介绍词嵌入构造方法特征选择和特征学习两部分。

1）特征选择

是指从海量文本数据中选择能表示词间语义关联的特征。在自然语言中，仅通过字面形式很难判断两个词之间的关联，人类需要根据一定的知识判断词间是否具有语义关联。同样，计算机判断两个词之间的语义关联也需要一定的知识。文本数据中多种信息都可作为表示词语义特征的知识，如上下文信息、主题、句子顺序、句内词序等，但是这些信息隐藏在自然语言中，具有稀疏、无结构、多形态等特点，很难被全部提取并用统一的数据形式表示。因此，词嵌入构造方法首先需要进行特征选择，从语料中提取蕴含词间语义关联的信息。然后通过建模，将选择的信息处理为计算机可以处理的数据形式。

从机器学习的角度，特征选择决定了学习效果的上限。目前的词嵌入构造方法中，最广泛的特征选择理论依据是沃伦·韦弗（Warren Weaver）提出的统计语义假说（Statistical Semantics Hypothesis）：人类自然语言的统计信息可以表示人类语言的语义。在统计语义假说的理论上，延伸出分布式假说（Distributional Hypothesis）、扩展的分布式假说、潜在联系假说等。不同的词嵌入构造方法基于不同的假说进行特征选择，具体来说，特征选择包含语料处理和建模两方面：

首先，在语料处理方面，由于词嵌入构造方法是一种语料驱动的学习方法，因此语料作为原始输入信息是构建高质量词嵌入方法的重要影响因素之一。这种影响一方面体现在为提升学习质量，通常需要对语料进行标准化、还原大小写、词根化处理等预处理；另一方面，体现在语料的规模和涉及的领域等属性会影响词嵌入的质量。研究人员通过实验验证的方法发现语料对训练词嵌入质量的影响规律：在语料规模方面，语料规模越大训练结果越好；在语料领域方面，通常利用同一领域的语料训练得到的词嵌入质量更高。语料领域对词嵌入质量的影响比语料规模的影响更大。

其次，在建模方面，需要将特征处理为易于被计算机处理的数据形式。常见的数据形式包括窗口、矩阵。其中，窗口是指将语料中目标词紧邻的上下文看作一个窗口，通过窗口的滑动逐步向模型中输入信息；矩阵是刻画语料中词与其上下文共现的统计信息的数据形式，矩阵的每行对应一个词，矩阵的每列对应其上下文，矩阵的元素是从语料中统计的二者之间的关联信息。

2）特征学习

是指借助学习结构对特征进行近似的、非线性的转化。特征学习决定了对输入的特征信息与输出的词嵌入之间非线性关系的描述能力，决定了方法对学习效果上限的逼近程度。常见的特征学习模型包括受限玻尔兹曼机、神经网络、矩阵分解、聚类分类等。在词嵌入构造方法中，通常根据数据建模的形式选择学习结构，例如针对矩阵数据通常使用矩阵分解方法，针对窗口数据通常使用神经网络方法。因此语料建模与特征学习两个过程紧密相关。

由于不同的词嵌入方法本质上是由特征选择的方法决定的，因此本书从特征选择的角度进行总结，将现有词嵌入构造方法归纳为基于分布语义的方法、基于语言模型的方法、利用语料多源特征的方法以及引入外部特征的方法。

目前，分布式表示学习利用无标注语料中的词上下文信息学习语义的向量化表示。学习方法主要分为两类：一类是基于矩阵分解的方法，即将语料建模为蕴含语义特征的共现矩阵，并借助数学方法（例如：矩阵分解）进行特征学习；另一类是基于神经网络的方法，根据语言模型中的预测任务，通过给定的上下文信息预测词的任务学习语义特征。本节将对这两类方法进行介绍。

3.2 基于矩阵分解的方法

基于矩阵分解的方法将语料中的文档、句子、模式等不同粒度的统计信息构建成不同的矩阵，如词-文档共现矩阵、词-词共现矩阵等。

词-文档共现矩阵是将词所在的文档作为上下文统计词与文档之间相关性的信息，矩阵中每行对应一个词，每列对应一个文档，矩阵中的每个元素是统计的语料中词和文档的共现信息。这种分布表示方法基于词袋假说，即文档中词出现的频率反映文档与词之间的相关程度，利用矩阵分解的方法将词和文档映射到同一个低维语义空间，获得词的向量化表示。代表性的方法是潜在语义分析（Latent Semantic Analysis，LSA）。LSA 方法构建的词-文档共现矩阵 $\boldsymbol{X}$ 中，矩阵 $\boldsymbol{X}$ 的元素是从语料中统计的 TF-IDF 值（Term Frequency-Inverse Document Frequency）。其中，TF 代表词频（Term Frequency）即词在文档中出现的频率；IDF 代表逆文档频率（Inverse Document Frequency）即一个词普遍重要性的度量。TF-IDF 的主要思想是：如果某个词在一个文档中出现的频率高并且在其他文档中出现的频率低，则认为这个词具有很好的文档区分能力。在矩阵分解过程中，LSA 方法对共现矩阵 $\boldsymbol{X}$ 进行奇异值分解（Singular Value Decomposition，SVD），将矩阵 $\boldsymbol{X}$ 分解为三个矩阵：

$$\boldsymbol{X} = \boldsymbol{U}\boldsymbol{\Lambda}\boldsymbol{V}$$

其中，$\boldsymbol{U}$ 和 $\boldsymbol{V}$ 是正交矩阵。矩阵 $\boldsymbol{U}$ 代表词的向量空间，矩阵 $\boldsymbol{V}$ 代表文档的向量空间，$\boldsymbol{\Lambda}$ 是记录矩阵 $\boldsymbol{X}$ 的奇异值的对角矩阵。SVD 方法对这三个矩阵进行降维生成低维的近似矩阵。LSA 方法最小化近似矩阵与原矩阵 $\boldsymbol{X}$ 的近似误差，具体过程为：假设矩阵 $\boldsymbol{X}$ 的秩为 r，给定正整数 $k<r$，选取 $\boldsymbol{\Lambda}$ 矩阵前 k 个数据构造矩阵 $\boldsymbol{\Lambda}_k$，构造矩阵满足：

$$\boldsymbol{X}_k=\boldsymbol{U}_k\boldsymbol{\Lambda}_k\boldsymbol{V}_k^{\mathrm{T}}$$

其中，$\boldsymbol{U}_k$ 是将词从高维空间映射到 k 维空间的潜在语义表示；$\boldsymbol{V}_k$ 是将文档从高维空间映射到 k 维空间的潜在特征表示。当 $\boldsymbol{X}_k$ 与原始矩阵 $\boldsymbol{X}$ 近似误差最小时，LSA 方法获得优化的矩阵 $\boldsymbol{U}_k$ 并将其作为词的低维度向量表示。

LSA 方法通过降低向量空间的维度减少高维空间中的噪声，挖掘词的潜在语义特征。原始的高维度的共现信息是对文本数据的直接统计，是一种直接的、稀疏的词表示形式，反映从语料中统计的真实的词-文档共现信息。矩阵分解的方法构造低维语义空间，可获得一种间接的、稠密的词表示形式，反映的是词-文档的近似的共现信息。因此最终学习得到的词向量不是简单的词条出现的频率和分布关系，而是强化的语义关系的向量化表示。为了进一步提升学习效果，研究人员将多种矩阵分解方法应用到词-文档矩阵分解过程中。例如主题模型（Topical Model）方法将矩阵 $\boldsymbol{X}$ 分解为词-主题矩阵与主题-文档矩阵；NNSE（Non-Negative Sparse Embedding）方法使用非负分解（Non-negative Matrix Factorization）的方法，以在矩阵中的所有元素均为非负数为约束条件，进行矩阵分解。

词-词共现矩阵将目标词附近的几个词作为上下文，统计目标词与上下文中的各个词的相关性。通常，词-词共现矩阵中的每一行对应一个目标词，矩阵中的每一列代表上下文中的词；词-词共现矩阵中的元素代表语料中两个词之间的关联信息，由一个词可以联想到另外一个词则说明这两个词是语义相关的，反之为语义无关。早期的代表性方法是 Brown Clustering 方法，利用层级聚类方法构建词与其上下文之间的关系，根据两个词的公共类别判断这两个词的语义相近程度。2014 年，彭宁顿（Pennington）等人提出了 GloVe 方法，这是目前最具有代表性的基于词-词共现矩阵的词语义表示方法。

GloVe 方法将语料中的上下文信息构建为一个共现矩阵，矩阵中的元素 X_{ij} 表示两个词 w_i 和 w_j 在语料中共同出现的次数。在具体实施过程中，GloVe 方

法根据两个词在上下文窗口的距离 d 提出了一个衰减函数，从而降低了远距离的词共现权重。GloVe 方法使用比率而非共现概率来表示词之间的关系。如图 3.1 所示，以词汇 ice（冰）和 steam（蒸汽）为例，在 GloVe 的共现矩阵中，w_i 和 w_j 分别代表 ice 和 steam；w_k 代表其他词，如 solid（固体），gas（气体），water（水），fashion（时尚）；$P(k|\text{ice})$和 $P(k|\text{steam})$代表共现概率，$P(k|\text{ice})/P(k|\text{steam})$代表比率。

非共现概率和比率	k=solid	k=gas	k=water	k=fashion
$P(k\|\text{ice})$	1.9×10^{-4}	6.6×10^{-5}	3.0×10^{-3}	1.7×10^{-5}
$P(k\|\text{steam})$	2.2×10^{-5}	7.8×10^{-4}	2.2×10^{-5}	1.8×10^{-5}
$P(k\|\text{ice})/P(k\|\text{steam})$	8.9	8.5×10^{-2}	1.36	0.96

图 3.1　GloVe 方法的语料中词共现信息统计对比

- 当 k=solid 时，其与 ice 相关，与 steam 不相关，则比率 $P(k|\text{ice})/P(k|\text{steam})$ 应该越大。
- 当 k=gas 时，其与 ice 不相关，与 steam 相关，则比率 $P(k|\text{ice})/P(k|\text{steam})$ 应该越小。
- 当 k=water 时，其与 ice 和 steam 都相关，则比率 $P(k|\text{ice})/P(k|\text{steam})$应该趋近于 1。
- 当 k=fashion 时，其与 ice 和 steam 都不相关，则比率 $P(k|\text{ice})/P(k|\text{steam})$ 应该趋近于 1。

因此，在基于比率的计算过程中，GloVe 方法将 w_i 和 w_j 作为目标词将 w_k 作为上下文词，然后设计了基于比率的函数 F：

$$F(\boldsymbol{w}_i,\boldsymbol{w}_j,\widetilde{\boldsymbol{w}_k})=\frac{P(k|\text{ice})}{P(k|\text{steam})}$$

其中 $\boldsymbol{w}_i$ 和 $\boldsymbol{w}_j$ 是词 w_i 和 w_j 作为目标词时的向量表示，$\widetilde{\boldsymbol{w}_k}$ 是词 w_k 作为上下文时的向量表示。由于在向量空间中词间具备线性关系，则函数 F 可以表示为：

$$F(\boldsymbol{w}_i-\boldsymbol{w}_j,\widetilde{\boldsymbol{w}_k})=\frac{P(k|\text{ice})}{P(k|\text{steam})}$$

在向量空间中，GloVe 方法使用向量内积表示 $\boldsymbol{w}_i-\boldsymbol{w}_j$ 和 $\widetilde{\boldsymbol{w}_k}$ 的关系：

$$F((\boldsymbol{w}_i-\boldsymbol{w}_j)^{\mathrm{T}},\widetilde{\boldsymbol{w}_k})=\frac{P(k|\text{ice})}{P(k|\text{steam})}$$

同时，GloVe 方法将目标词和上下文词在向量空间中的关系也表示为两个向量的内积：

$$F(\boldsymbol{w}_i^{\mathrm{T}}\cdot\widetilde{\boldsymbol{w}_k})=p_{ik}=\frac{X_{ik}}{X_i}$$

在实施过程中，F 选取 exp 函数，即：

$$\log(X_{ik})=\boldsymbol{w}_i^{\mathrm{T}}\cdot\widetilde{\boldsymbol{w}_k}+b_i+\widetilde{b_k}$$

其中，$\boldsymbol{w}_i$ 是词 w_i 作为目标词时的向量表示；$\widetilde{\boldsymbol{w}_k}$ 是词 w_k 作为上下文词时的向量表示，b_i 和 $\widetilde{b_k}$ 分别是两个词的偏置项。至此，GloVe 设置带有权重的最小平方回归模型，并且目标函数为：

$$\mathcal{L}=\sum_{i,k=1}^{V}f(X_{ik})(\boldsymbol{w}_i^{\mathrm{T}}\cdot\widetilde{\boldsymbol{w}_k}+b_i+\widetilde{b_k}-\log(X_{ik}))^2$$

其中 $f(X_{ik})$ 是一个权重函数：

$$f(x)=\begin{cases}\left(\dfrac{x}{x_{\max}}\right)^{\alpha}, & \text{当}x<x_{\max}\\ 1, & \text{其他}\end{cases}$$

其中，$\alpha=0.75$；$x_{\max}=100$。

GloVe 方法为了尽可能保存词之间的共现信息，将词-词共现矩阵中的元素设置为统计语料中两个词共现次数的对数（即矩阵中第 i 行第 j 列的值为词 w_i 与词 w_j 在语料中的共现次数的 log 值），用以更好地区分语义相关与语义无关。在矩阵分解步骤中 GloVe 模型使用隐因子分解（Latent Factor Model）的方法，在计算重构误差时只考虑共现次数非零的矩阵元素。GloVe 方法融合了全局矩阵和局部窗口，利用隐因子分解的方法对矩阵进行处理。该方法的优势是在生成词-词共现矩阵的过程中，既考虑了语料全局信息又考虑了局部的上下文信息，并且可以合理地区分词的语义相关程度。GloVe 方法的训练结果在词相似度、词间关系推理、命名实体识别等任务中效果突出，也是目前最为流行的词向量库。

表 3.1 对基于全局统计信息的词嵌入构造方法进行了对比总结。总体来说，基于分布式语义的词嵌入方法的关键是对词与上下文的共现信息的描述，合理的相关性计算方法能够更好地体现词间的关联，进而有助于学习结构提取词的潜在特征，提升词嵌入语义特征的表达能力。早期的 LSA 方法，使用简单的 TF-IDF 统计词在文档中的共现信息，是一种弱的关联信息，信息不全面。除了 TFIDF 外，还有很多其他衡量词与上下文相关性的方法。后续研究人员对 PMI（Pointwise Mutual Information）方法进行了改进，以便更好地表达词-文档、词-词共现信息，并训练获得了高质量的词嵌入。例如 NNSE 方法利用改进的 PMI 方法描述词-上下文之间的相关性。

表 3.1　基于全局统计信息的词嵌入构造方法比较

方 法 名 称	特征选择	相关性计算	学习特征的方法
Brown Clustering	词-词共现信息	共现统计	聚类
LSA	词-文档共现矩阵	TFIDF	SVD
NNSE	词-文档共现矩阵	PPMI	NMF
GloVe	词-词共现矩阵	log 值	隐因子分解

3.3 基于神经网络的方法

基于预测任务的方法通常利用滑动窗口对语料进行建模，以训练语言模型为学习目标，在优化模型的过程中学习词的语义表示。这类方法具有两个特点：

（1）利用上下文窗口信息，是一种利用局部信息的语义特征学习方法；

（2）神经网络结构对模型的发展具有决定性的作用，词向量通常是作为神经网络的副产品被训练获得的。

本小节对典型的基于预测任务的方法进行了介绍。

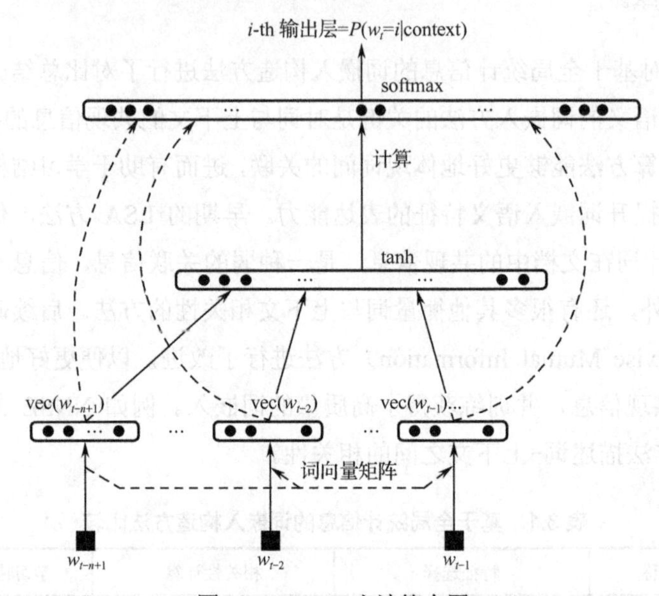

图 3.2　NNLM 方法简介图

早期，班吉奥（Bengio）等人提出了神经网络语言模型（NNLM）。NNLM 方法在语料建模过程中将语料中固定长度为 n 的词序构建为一个窗口，使用前 $n-1$ 个词预测第 n 个词，即任务目标是最大化文本的生成概率：

$$\mathrm{argmax}P_{\mathrm{r}}(w_n|w_1,w_2,\cdots,w_{n-1})$$

NNLM 方法的神经网络结构包括输入层、投影层、隐藏层、输出层。如图 3.2 所示，各层的信息如下：

（1）输入层信息：窗口 w 中前 $n-1$ 个词；

（2）投影层信息：查找词表获得窗口 w 中前 $n-1$ 个词的词嵌入表示；

（3）隐藏层信息：H 个隐藏节点；

（4）输出层信息：给定前 $n-1$ 个词的情况下，预测第 n 个词出现的概率；

此处，需要对词典中每个词的出现概率进行预测。

最后，NNLM方法使用softmax函数对输出层进行归一化处理，由于输出层预测的是字典中每个词出现的概率，那么根据概率原则，需要满足：

$$\sum P_i(w_i \mid w_1, w_2, \cdots, w_{n-1}) = 1$$

NNLM方法的网络结构复杂，运算的瓶颈是非线性的函数变换过程。为提高该方法的效率，安德烈·姆尼（Andriy Mnih）和杰弗里·希尔顿（Geoffrey Hinton）提出使用树状层次结构加速的方法，将词典中所有的词构建成二叉树。词典中的单个词是二叉树的叶子节点，从二叉树的根节点到叶子节点的路径使用一个二值向量表示。假设V代表整个词典的大小，树状编码方式将计算一次预测概率的复杂度由V降至$\ln(V)$的过程。

为了进一步提升方法效率与效果，米科洛夫（Mikolov）等人提出了基于循环神经网络的语言模型（Recurrent Neural Network Language Model，RNNLM）。与NNLM方法任务类似，该方法也是基于语言模型的预测任务。二者的区别在于NNLM只能采用上文n元短语作为近似，而RNNLM使用循环神经网络，其中隐藏层是一个自我相连的网络，同时接收来自第n个词的输入和第$n-1$个词的输出作为输入。因此，RNNLM方法通过循环迭代使得每个隐藏层实际上包含了此前所有上文的信息，有效地提升了词向量的质量。

SENNA方法是一种利用局部信息学习词向量的构造方法，该模型的预测任务是判断一个词序是否为正确的词序，即模型目标函数是对句子打分，最大化正确句子的分数。在建模过程中，将语料中的词序作为正确词序，并使用随机词对的方法生成噪声词序。SENNA方法的学习结构是卷积神经网络，输入层是目标词和上下文，在投影层映射为词向量并通过拼接组合成上下文的向量，然后经过一个含有隐藏层的卷积神经网络将该序列映射为一个打分。

2013年米科洛夫（Mikolov）等人提出的Word2Vec方法引起了学术界和工业界的高度重视，是分布式语义表示发展过程中里程碑式的研究。如图3.3所示，该方法包含CBOW模型和Skip-gram模型，这两个模型在语料建模过程中都选取固定长度n的词序作为窗口，将窗口中心词设定为目标词，其余词设定为目标词的上下文。CBOW 模型的预测任务是使用上下文预测目标词，Skip-gram 模型的预测任务是使用目标词预测上下文。Word2Vec 方法的原理与NNLM 方法相似，利用固定长度的窗口信息最大化文本生成概率。但是 Word2Vec 方法在窗口信息处理、神经网络结构、方法优化等方面做出了众多改进：

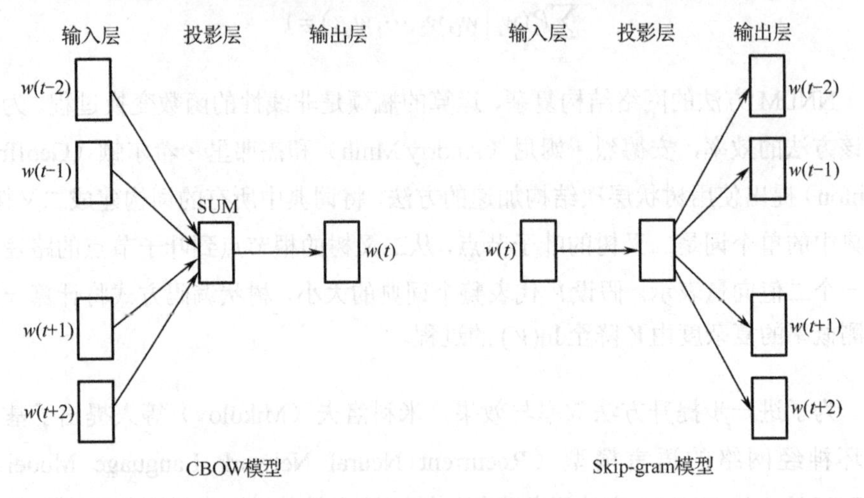

图 3.3 Word2Vec 方法简介

（1）移除窗口内词序信息：Word2Vec 方法同样利用固定长度 n 窗口作为模型输入信息，但是与 NNLM 方法将前 $n-1$ 个词拼接的方式不同，Word2Vec 方法选取窗口的中心词为目标词，对其余 $n-1$ 个词求平均值。因此，Word2Vec 方法不再保存词的顺序信息。CBOW 方法使用目标词的上下文来预测目标词，映射层信息是输入层的向量平均值；Skip-gram 方法利用目标词来预测上下文，映射层信息是目标词的向量。

（2）单层神经网络结构：Word2Vec 移除 NNLM 方法中计算最复杂的非线性层，仅使用单层神经网络训练语言模型。这种神经网络结构可以大幅度降低模型运行的复杂度，实现利用大规模语料高速训练词向量的目的。

（3）优化方法：为降低预测下一个词出现概率过程的计算复杂度，Word2Vec 方法提出基于哈夫曼树的层次方法和负采样方法两种优化方法。

下面我们对 Word2Vec 方法提出的两种降低模型复杂度的方法进行简要介绍。

1）基于哈夫曼编码的优化方法

该方法的基本思想是将语料的词表V依据其频率构建成哈夫曼树，其中词是哈夫曼树的叶子节点，频率高的词具有较短的哈夫曼编码。依据哈夫曼树，从根节点到达每个叶子节点的通路称为路径，路径中经过的分支数目称为路径长度。在哈夫曼树中频率高的词靠近根节点，路径长度短；频率低的词远离根节点，路径长度长；在哈夫曼编码中，频率高的词哈夫曼编码长度短，而频率低的词哈夫曼编码长度长。约定在哈夫曼树的构建过程中，权重大的节点作为左节点，编码为1，权重小的节点作为右节点，编码为0。因此，假设c作为输入，w作为输出（即被预测的词），基于哈夫曼树的层次化优化方法的条件概率表示为：

$$P(w|c)=\prod_{i=1}^{|h_w|}P(h_w^i \mid c,\theta_w^i)$$

其中，h_w代表词w的哈夫曼编码；$|h_w|$代表词w的哈夫曼编码长度；h_w^i代表其哈夫曼编码的第i位编码；θ_w^i代表词w路径上的第i个非叶子节点的参数。其中每个节点上概率的预测为：

$$P(h_w^i \mid c,\theta_w^i)=\begin{cases}\sigma(c^{\mathrm{T}}\theta_w^i),\ h_w^i=1\\ 1-\sigma(c^{\mathrm{T}}\theta_w^i),\ h_w^i=0\end{cases}$$

其中，σ是sigmoid函数，记为$\sigma(x)=1/(1+\mathrm{e}^{-x})$，用于将实数映射到0至1的区间中。传统的softmax方法对词w的预测是$\sum_{w\in V}P(w \mid c)$，因此使用哈夫曼树的层次化优化方法，能将传统方法线性的计算复杂度$|V|$降至对数级别的复杂度$\log_2|V|$。

2）负采样的优化方法

该方法是NCE（Noise Contrastive Estimation）方法的简化。假设输入为c，被预测的词为w，则在词表V中，w是正样本，其余的词是负样本。通常，在词表中随机选取n个词作为负采样集合，记为$\mathrm{NEG}(w)$。我们将正样本的标签设置为1，负样本的标签设置为0，则将要预测的词w、词表中的词u的标签设置为：

$$L^u(w)=\begin{cases}1,u=w\\0,u\neq w\end{cases}$$

在训练和优化过程中，负采样方法可最大化正样本出现的概率，最小化负样本出现的概率，即：

$$g(w)=\prod_{u\in\{w\cup \mathrm{NEG}(w)\}}P(u\mid c)$$

其中，

$$P(u\mid \boldsymbol{c})=\begin{cases}\sigma(c^{\mathrm{T}}\theta_u),L^u(w)=1\\1-\sigma(c^{\mathrm{T}}\theta_u),L^u(w)=0\end{cases}$$

其中，θ_u 是词 u 的参数向量，上述公式整体可以表示为：

$$P(u|c)=[\sigma(c^{\mathrm{T}}\theta_u)]^{L^u(w)}\cdot[1-\sigma(c^{\mathrm{T}}\theta_u)]^{1-L^u(w)}$$

即优化目标是最大化 $g(w)$：

$$g(w)=\sigma(c^{\mathrm{T}}\theta_u)\prod_{u\in \mathrm{NEG}(w)}1-\sigma(c^{\mathrm{T}}\theta_u)$$

因此在训练词向量的过程中，训练目标是最大化正样本概率而降低负样本概率：

$$G=\prod_{w}^{T}g(w)$$

其中，T 是语料中窗口的数量；w 是窗口要预测的词。为计算方便，最终的目标函数对 G 取对数：

$$\mathcal{L}=\log G=\log\prod_{w}^{T}g(w).$$

负采样的优化方法在选择负样例时，高频词被选择的概率比较大，低频词被选择的概率比较小，因此需要设置一个带权负采样的方法，将每个词的权重设为：

$$l(w)=\frac{[\mathrm{count}(w)]^{\frac{3}{4}}}{\sum_{u\in V}[\mathrm{count}(u)]^{\frac{3}{4}}}$$

其中，count(w)代表词 w 在语料中出现的频率。负采样方法极大地降低了训练的复杂度，不需要构建复杂的哈夫曼树，能大幅度提升 Word2Vec 方法的效率。

综上所述，表 3.2 对不同的分布式表示方法进行了对比。总体来说，基于预测任务的方法主要基于语言模型任务，通过设置不同的预测方式和模型结构优化语言模型。词的向量表示是模型中的一类参数，在优化语言模型的过程中对词的分布式表示进行优化。

表 3.2　分布式表示方法对比

模型名称	语料建模方式	目标函数	神经网络
NNLM	目标词：窗口最后一个词 上下文：目标词左侧的第 n−1 个词	最大化目标词出现的概率： P（目标词|上下文）	三层神经网络
RNNLM	目标词：窗口最后一个词 上下文：目标词左侧的第 n−1 个词	最大化目标词出现的概率： P（目标词|上下文）	循环神经网络
HLBL	目标词：窗口最后一个词 上下文：目标词左侧的第 n−1 个词	最大化语句出现的概率： P（目标词，上下文）	无非线性层的神经网络
CBOW	目标词：窗口中心词 上下文：目标词左右两侧的词	最大化目标词出现的概率： P（目标词|上下文）	单层神经网络
Skip-gram	目标词：窗口中心词 上下文：目标词左右两侧的词	最大化上下文出现的概率： P（上下文|目标词）	单层神经网络

3.4　方法总结与对比

基于预测任务的语义向量化表示方法是利用滑动窗口处理语料，本质上与基于词-词共现矩阵的语义向量化表示方法是相同的。这两种方式的理论基础都是分布假说，选择目标词附近的 n 个词作为上下文，统计目标词与上下文中词的共现信息来表示共现特征。奥马尔·利维（Omer Levy）和约阿夫·戈德伯格（Yoav Goldberg）证明利用 PPMI（Positive Pointwise Mutual Information）信息的词-词共现矩阵方法与 Skip-gram 模型在类比任务中的效果相似，并通过研究证明 Skip-gram 模型本质上是一种隐式的矩阵分解：当 Skip-gram 模型中的向量维度允许无限大时，则该模型可以看作一种改进的 PPMI 矩阵。其中，PPMI 是改进的 PMI 方法，是信息论中的一种信息度量，利用概率论和统计的方法衡量变量之间的依赖程度：

$$\mathrm{PMI}(w,c)=\log\frac{P(w,c)}{P(w)P(c)}=\log\frac{\#(w,c)\cdot|D|}{\#(w)\cdot\#(c)}$$

其中，w 代表词表中的一个词；c 是它的上下文词；$\#(w,c)$ 是语料中 w 与 c 共现的次数，$\#(w)$ 和 $\#(c)$ 是在语料中的词频，即：

$$\mathrm{PPMI}(w,c)=\max(\mathrm{PMI}(w,c),0)$$

在此基础上，Li 等人证明了 Skip-gram 模型方法等价于矩阵分解，并且被分解的矩阵是词-词共现矩阵，它的第 i 行第 j 列的元素代表了第 i 个和第 j 个词在窗口内的共现次数。

总结来说，基于预测任务的词向量构造方法是利用局部窗口信息的学习方法，并且与利用统计共现信息的方法联系密切，都是基于词的上下文信息对词的语义特征的近似表达方法。

第 4 章

预训练语言模型

尽管分布式语义表示方法可以从大规模语料中训练低维、稠密的语义表示向量空间，但是这些方法是与上下文无关的，不能动态地根据语境调整语义表示，无法捕获文本的语法结构、语义角色、指代等复杂的特征和关系。为解决上述问题，研究人员开发了预训练语言模型。借助算力的提升，预训练语言模型设计了更深层的语言，使用更大的数据集来充分训练模型参数，增强模型的泛化能力，提供了更好的模型初始化方法。然后在下游任务中，根据具体任务对模型进行精调，为下游任务提供了高质量的背景知识，避免了模型的随机初始化。本节中，我们对具有代表性的预训练语言模型方法进行了介绍，包括ELMo 模型，GPT 模型，BERT 模型，RoBERTa 模型，XLNet 模型等。

4.1 ELMo 模型

分布式表示方法是静态的表示方法，即每个词使用一个固定的向量进行表示。而在自然语言中，词在语义和语法上的特征复杂，词的语义可能随着语境的变化而变化。为了解决这个问题，2018 年，彼得斯（Peters）等人提出了动态的、考虑语境信息的词表示方法 ELMo（Embeddings from Language Models）。

该模型基于深层的双向语言模型任务（Bidirectional Language Models）在大规模文本数据上进行预训练。

具体来说，给定一个长度为 N 的词序列 $\{w_1, w_2, \cdots, w_N\}$，ELMo 模型一方面利用前向语言模型通过前 k−1 个词预测下一个词出现的概率：

$$P(w_1, w_2, \cdots, w_N) = \prod_{k=1}^{N} P(w_k | w_1, w_2, \cdots, w_{k-1})$$

另一方面利用一个后向语言模型通过后续词预测前一个词出现的概率：

$$P(w_1, w_2, \cdots, w_N) = \prod_{k=1}^{N} P(w_k | w_{k+1}, w_{k+2}, \cdots, w_N)$$

ELMo 模型利用了多层的长短期记忆模型（Long Short-Term Memory，LSTM），对前向和后向语言模型进行了联合训练，目标函数是两个语言模型的最大似然函数：

$$\sum_{k=1}^{N} (\log p(w_k | w_1, \cdots, w_{k-1}; \Theta_x, \vec{\Theta}_{\text{LSTM}}, \Theta_s) + \log p(w_k \mid w_{k+1}, \cdots, w_N; \Theta_x, \overleftarrow{\Theta}_{\text{LSTM}}, \Theta_S))$$

其中，Θ_x 是词表示的参数；$\vec{\Theta}_{\text{LSTM}}$ 和 $\overleftarrow{\Theta}_{\text{LSTM}}$ 是前向和后向 LSTM 的参数。在使预训练模型之后，ELMo 模型将词向量化表示为双向语言模型的中间层的和。在预训练后，ELMo 通过特征集成或者精调的方式用于下游任务。ELMo 模型是一个动态的语义表示方法，打破了分布式语义表示方法使用固定的向量表示词的限制，解决了传统方法难以应对一词多义情况的问题。另外，EMLo 模型的预训练过程使用了整个语料，打破了上下文窗口的限制，在语义表示方面更加准确。

4.2 GPT 模型

GPT（Generative Pre-Training）模型是具有代表性的生成式预训练语言模

型，强调模型基于输入序列生成下一个词的能力。与 ELMo 模型相似，该模型也包括两个过程：首先利用大规模的无标注的文本数据训练生成式的语言模型，然后将预训练的模型和参数应用于下游任务中，再根据任务进行精调。

具体来说，GPT 模型的预训练方式和传统的语言模型相同，即通过上文信息预测下一个词出现的概率。在预训练阶段，GPT 模型的训练目标是最大化语言模型的生成概率，即：

$$\sum_{N}\log p(w_i \mid w_{i-k},\cdots,w_{i-1};\Theta)$$

其中，k 是上下文窗口的大小；Θ 是语言模型的参数。在训练语言模型中，GPT 使用了多层的 Transformer（变形器）结构，使用了多头自注意力模型，输入文本中增加了位置信息，输出词出现的概率分布。在下游任务精调阶段，与 ELMo 模型作为特征的处理方式不同，GPT 不需要再重新对任务构建新的模型结构。GPT 模型直接在语言模型的最后一层上设置了任务输出层，然后根据任务对整个模型进行参数修正。这种方式可以将预训练的语义特征传递到下游的任务中。GPT 模型首次将 Transformer 结构应用于预训练语言模型，一定程度上解决了 LSTM 结构无法应对长距离依赖的问题。后续的 GPT-2 模型是 GPT 模型的改进版本，两种模型结构相似，GPT-2 模型增大了参数量（包括 1.5 亿个参数）并采用了更大的数据集进行实验。通过以无监督的方式在大规模数据集上训练模型，然后在下游任务的小规模数据集上进行微调，GPT-2 模型在多项语言建模任务上取得了对比模型中最好的模型效果。

4.3 BERT 模型

2018 年谷歌提出了基于 Transformer 的预训练语言模型 BERT，是目前预训练语言模型中最具有代表性的方法。图 4.1 将 BERT 模型与 GPT 和 ELMo

模型进行了对比：

（1）与 GPT 相比，BERT 模型利用双向的 Transformer，可以更好地捕获双向的语义信息；

（2）与 ELMo 相比，BERT 没有对前向和后向的两个语言模型进行拼接，而是使用了一个双向的语言模型。

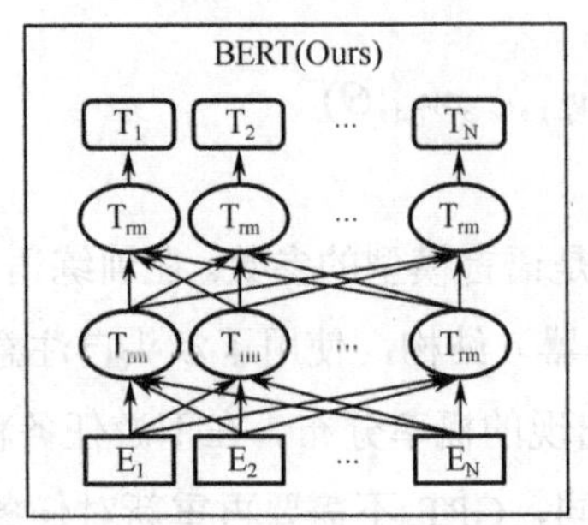

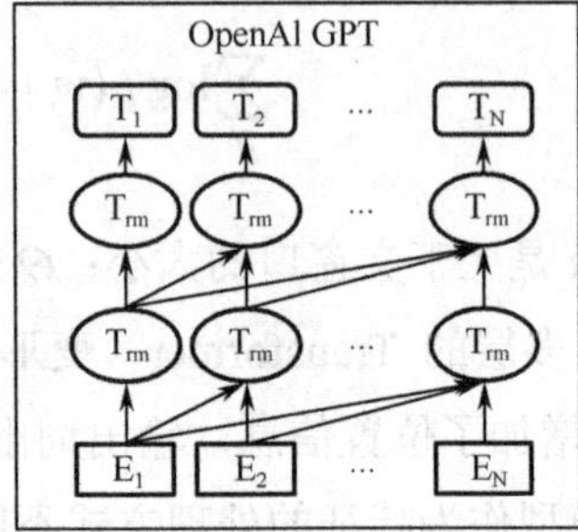

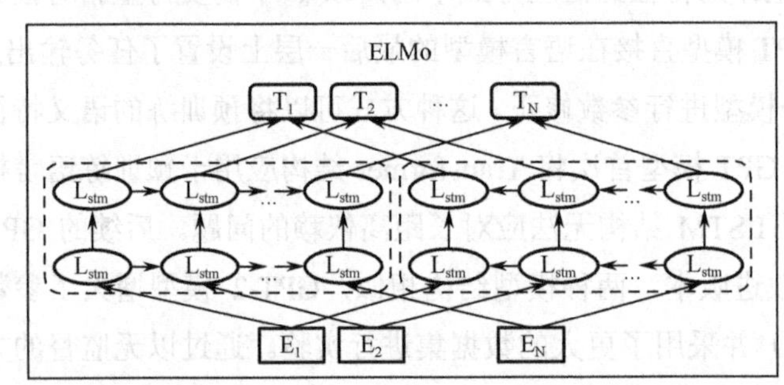

图 4.1　BERT 与 GPT 和 ELMo 的模型对比示意图

BERT 模型基于 Transformer 可以更加高效地捕捉更长距离的依赖信息。对比之前的 ELMo 和 GPT 等预训练模型，BERT 模型可以实现真正意义上的综合利用双向上下文信息。双向语言模型的训练过程包含两个任务。首先，BERT 模型设计了掩码语言模型任务（Masked Language Model，Mask LM），即将 15%的词进行遮罩，训练模型对被遮罩词的预测能力。具体来说，处理遮罩词的过程是在其中随机地将 10%的词替代成其他词，再取 10%的词不进行替换，剩下的 80%被替换为特殊标志[MASK]。其次，BERT 模型设计了下一个句子预测的训练任务，即判断一个句子是否为另外一个句子的下文。该任务用于提升模型抽取长序列特征的能力，使模型能够更好地理解两个句子之间的关系。

如图 4.2 所示，BERT 模型在大量文本数据上经过预训练（Pre-training）后的模型，通过精调（Fine-Tuning）可以应用于下游的自然语言处理任务中，如文本分类任务、问答任务、命名实体识别等。图 4.3 展示了 BERT 的表示方法，针对每一个输入序列的每一个词，其特征向量表示为 Token 向量、分割向量与位置向量的和。BERT 大幅度提升了十一项自然语言处理任务的效果，并提供了开源的代码和预训练模型，极大地推动了该研究领域的发展。

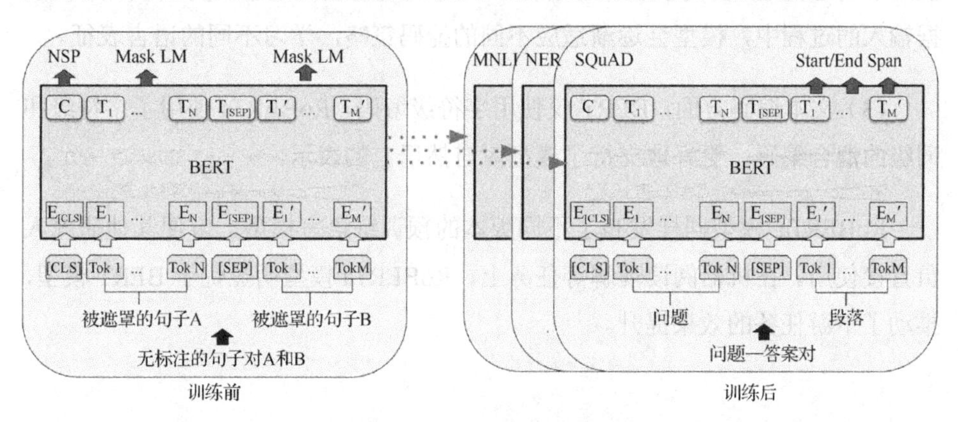

图 4.2　BERT 模型示意图

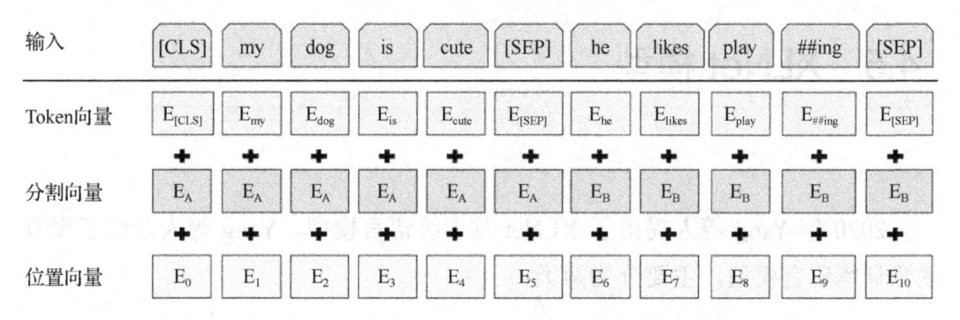

图 4.3　BERT 的表示方法是对 Token 向量、分割向量与位置向量求和

4.4　RoBERTa 模型

RoBERTa 模型对 BERT 模型进行了进一步的优化。一方面 RoBERTa 使用

了更大的模型参数和更多的训练数据；另一方面 RoBERTa 改进了预训练过程中的训练任务。主要的改进包括：

（1）RoBERTa 模型删除了 BERT 模型中的“下一句”预测任务。

（2）BERT 在数据预处理期间执行一次掩码，是静态掩码。而 RoBERTa 使用了动态掩码，即每次向模型输入一个序列时都会生成新的掩码模式，在数据输入的过程中，模型会逐渐适应不同的掩码策略，学习不同的语言表征。

（3）文本编码方面，BERT 仅使用字符级编码，RoBERTa 使用了字符级和词级的混合编码，更好地支持了模型对自然语言的表示。

RoBERTa 模型同样发布了不同版本的预训练语言模型，方便其他研究人员直接使用。在机器阅读理解等任务上，RoBERTa 模型明显优于 BERT 模型，推动了下游任务的效果提升。

4.5 XLNet 模型

2020 年 Yang 等人提出了 XLNet 预训练语言模型。Yang 等人总结了现有的预训练语言模型，主要分为两类：

（1）自回归语言模型（Autoregressive Language Model）使用上下文词预测目标词，其中上下文分为前向和后向两个方向，典型的模型有 ELMo 模型、GPT 模型等。自回归语言模型的优势在于符合下游任务的从左向右生成文本的实际任务需求，如文本摘要、机器翻译等；缺点是只能利用上文或者下文的信息，无法综合利用双向的语境信息。

（2）自编码语言模型（Autoencoder Language Model）同时利用上文和下文信息预测目标词，是双向模型。例如 BERT 模型，先在输入序列中遮罩住部分词，再利用上文和下文的信息预测被遮罩的词。自编码语言模型的优势是能同时利用双向的语境信息；缺点是在训练时候需要遮罩部分词，会引起训练过程和下游应用过程不一致的问题，导致预训练过程和精调过程的效果出现差异。

XLNet 模型综合了自回归语言模型和自编码语言模型的优势，在预训练的过程中设计了排列语言模型（Permutation Language Model），保留了自回归语言模型的优势，并能刻画双向语境信息。

具体来说，给定长度为 T 的序列 x，可以分解为 $T!$种不同的序列。如果不同的分解序列共享模型参数，则模型可以综合利用词在不同位置的语境信息。因此，排列语言模型设计的预训练任务的目标函数是最大化所有分解序列的期望：

$$\max_{\theta} \mathrm{E}_{z\sim Z_T}\left[\sum_{t=1}^{T}\log p_{\theta}(x_{z_t} \mid x_{z_{<t}})\right]$$

其中，Z_T 是一个序列的所有排列的结合，对于其中的一个序列 $z\in Z_T$，z_t 和 $z_{<t}$ 是该序列的第 t 个词和前 $t-1$ 个词。在训练过程中，所有的分解序列都共享一套模型参数 θ。

排列语言模型考虑了所有的分解序列，但是没有考虑序列的顺序。为了刻画正确的语序，XLNet 利用原始序列的位置编码信息和双流注意力机制来保持原始序列的语序。与 BERT 模型相比，XLNet 抛弃了掩码机制，解决了 BERT 模型因无法利用被掩码位置的关系而引起的预训练过程和精调过程存在效果差异的问题。另外，XLNet 模型使用 Transformer-XL 结构取代了 Transformer，利用相对位置编码和片段循环机制，解决了超长序列的依赖问题，利用整个上下文预测词，进而提升语义表示的效果。

4.6　方法总结与对比

预训练语言模型已经成为自然语言处理领域的新范式，表 4.2 对上述预训练语言模型从特征抽取器、利用的语境信息、训练任务几个方面进行了对比总结。

与独热表示方法不同，预训练语言模型和分布表示方法都属于分布式表示方法的范畴，可以利用低维向量表示词的语义信息。预训练语言模型的目标是在大规模文本信息中学习语言固有的通用知识，因此需要更深层的神经网络结构，是一种训练成本较高的语义表示方法。在应用中，预训练语言模型主要用于初始化模型，将语义知识传递给下游任务，方便下游任务快速、高效地利用大规模文本信息的潜在特征，然后通过精调过程对预训练模型的参数进行修正，适应新的任务。

预训练语言模型是当前自然语言处理领域的研究热点。在机器阅读理解、文本分类等任务中，预训练语言模型超越了以往的语义表示方法，大幅度地提升了任务效果。研究人员对预训练语言模型的训练任务进行了进一步的改进。例如 Zhang 等人提出了 ERNIE 预训练模型，在预训练阶段将文本和知识库中的实体进行对齐，将实体的知识表示嵌入到预训练模型中，实现语义特征和知识特征的融合。SpanBERT 预训练模型提出将邻接的词进行掩码处理，并且添加预测边界的训练目标，在和跨度相关的任务上（如抽取式阅读理解等）具有更好的训练效果。

表 4.2　预训练语言模型的对比总结

模　型	特征抽取器	语 境 信 息	训 练 任 务
ELMo	BiLSTM	单向	两个单向语言模型进行拼接
GPT	Transformer	单向	适用于生成任务
BERT	Transformer	双向	利用掩码词的双向语言模型
RoBERTa	Transformer	双向	动态掩码，调参更加精细
XLNet	Transformer-XL	双向	排列语言模型和双向注意力流
ERNIE	Transformer	双向	将实体特征与文本特征相融合
SpanBERT	Transformer	双向	预测跨度边界

第 5 章

增强关联模式的语义表示方法

5.1 引言

在文本的语义表示方法中，分布式表示方法是最常用、最流行的方法。其主要思想是将自然语言中的词映射成一个固定长度的、低维度的实数向量，所有词向量形成一个向量空间，每个词是该空间中的一个点，词在空间中的距离可以用于判断它们之间的（词法、语义上的）相似性。在自然语言处理领域，分布式表示方法克服了传统独热方法数据稀疏、维度灾难和语义空缺的问题，是基于神经网络的模型中不可或缺的模块。

分布式表示方法通常利用语言模型训练词的向量表示，其理论基础是分布式假说，即具有相似上下文的词具有相似的语义特征。例如 Bengio 等人提出的神经网络概率语言模型（NNLM），即给定前 n 个词，利用三层神经网络预测下一个词出现的概率。Mikolov 等人简化了 NNLM 方法中的神经网络结构，提出了 Word2Vec 模型，使用单层神经网络从大规模语料中学习高质量的词向量，学习目标是根据上下文预测词，或者根据词预测其上下文。尽管上述词语义表示模型可以捕获词的语义特征，但是他们认为一个词的语义由其临近词决定，仅仅利用浅层的上下文信息并通过滑动窗口发掘词间的关联，忽略了词之间超出滑动窗口的远距离的关联关系。

在大规模文本数据中，词间远距离的关联关系是学习语义特征的重要信息。如图 5.1（a）所示，句子中 programming languages 和 algorithm 之间有很强的关联关系，但是它们在句子中出现的距离很远，利用上下文窗口无法捕获到他们之间的关系。与上下文窗口不同，关联模式挖掘 （Associated Patterns Mining）是数据分析领域的一项重要技术，可以打破上下文窗口长度的限制，有效地发掘长距离的频繁共现词。如图 5.1（a）所示，关联模式挖掘可以有效地发现 programming languages 与 algorithms、languages 与 express algorithms 之间的关系。为了进一步说明这个问题，图 5.1（b）对比了上下文窗口与关联模式，挖掘具有语义关系的词对。首先我们统计了长度为 5 的上下文窗口中的共现词对以及它们在整个语料中的共现次数。具体来说，我们使用窗口大小为 5 的滑动窗口将语料切分成不同的片段，针对每个片段我们将中心词与其他词作为共现词对。然后统计语料中所有的关联模式包含的共现词对及它们出现的总次数。最后，我们对所有词对在上下文窗口（记作 N-gram Windows）和关联模式（Associated Patterns）中出现的次数取对数，验证结果见图 5.1（b）。从图中我们可以观察到：区域 1 中的词对可以通过关联模式发现，但是很难被上下文窗口发现；上下文窗口可以更好地发现区域 3 中的关系；这两种方法都能很好地发现区域 2 中的关系。因此，上下文窗口和关联关系具有互补的作用，仅基于上下文信息的语义表示方法无法刻画一部分词间长距离的关联关系。

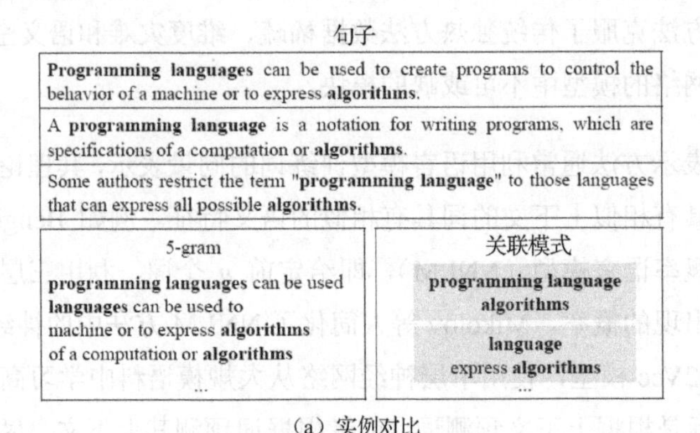

（a）实例对比

图 5.1　上下文窗口与关联模式的语义关系表示能力的对比

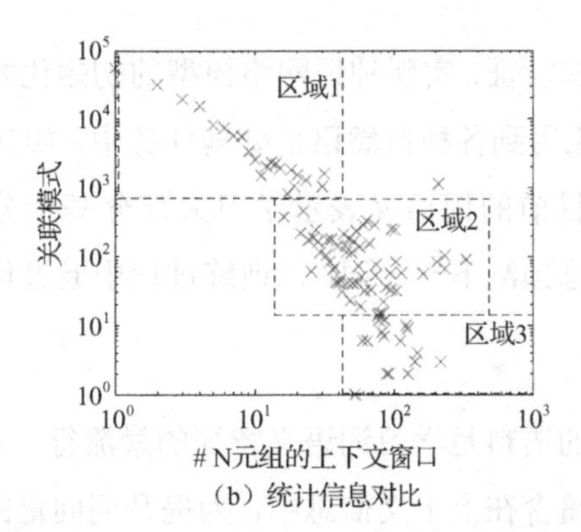

（b）统计信息对比

图 5.1 上下文窗口与关联模式的语义关系表示能力的对比（续）

为了缓解上述问题，本书提出了一种增强关联模式的词语义向量化表示模型（记作 Associated Patterns enhanced Word Embedding，APWE），深入探索语料中能表达词语义的深层信息，利用关联模式挖掘的方法对长距离相关联的词进行建模。具体来说，首先我们从训练语料中挖掘关联关系，针对每个词获取与其具有关联关系的词的集合。然后该模型联合利用关联模式和上下文信息设计词预测任务，实现在向量空间中同时刻画局部共现的上下文信息和全局的长距离关联关系。我们将 APWE 方法应用于文本分类和查询扩展任务上，实验结果表明 APWE 方法明显优于现有的其他方法。APWE 模型的主要优势如下：

（1）增强关联模式的模型灵活地将关联规则融入语义表示的训练过程中，克服了利用上下文信息的方法仅能考虑局部词共现关系的限制，可以从句子层次捕获词间的关联信息，提升词语义特征表示的质量。

（2）在实际应用中 APWE 模型可以显著提升任务效果，并可以在训练数据不足的情况下更有效、更灵活地发掘词间的关联信息，弥补上下文信息不足的问题。

5.2 相关工作

分布式语义表示方法是自然语言处理领域的研究热点，通过从大规模语料中学习词的语义和句法特征，实现神经网络模型的初始化并提升下游任务的效果。该方法已被广泛应用到各种自然语言处理任务中，如文本分类任务和机器翻译任务等。但是，目前的词语义表示学习大部分基于分布式假说，设计神经网络利用上下文信息预测下一个词，在训练过程中通过优化预测任务来优化词的语义特征表示。

虽然利用无标注的语料是学习词语义特征的最流行、最便捷的方式，但是词的语义特征不仅仅蕴含在上下文信息中，为提升词向量的质量，研究人员开始探索如何利用其他的信息。例如墨菲（Murphy）等人利用句法依赖关系中词之间的共现信息，通过非负稀疏嵌入（Non-Negative Sparse Embedding）的方法进行词向量降维表示。利维（Levy）和戈德伯格（Goldberg）在训练词语义向量表示的过程中引入了不同词在句法树中的共现信息来提升向量空间质量。博莱加拉（Bollegala）等人使用 POS 和依存关系等代替词袋模型，在训练过程中引入了关系图中的信息。关联模式信息也是一种有效刻画词关系的资源，是一种基于规则的无监督的机器学习算法，被广泛应用于数据挖掘领域。例如西蒙（Simon）等人将关联模式挖掘应用于分类任务。萨卡尔（Sarker）等人使用关联模式信息挖掘用户的行为规则。布鲁特（Bulut）等人将关联关系应用于分析用户的购买行为，并作为品牌忠诚度的指标。在信息检索领域，关联模式被用于挖掘词间的相关性，用于查询词扩展等任务中。

为充分利用语料信息，解决现有方法无法利用具有关联关系的远距离共现词的问题，本章研究增强关联模式的词向量表示方法。通过引入关联模式挖掘技术，实现从句子层次发现频繁出现的、具有语义关联的模式（包括词、词组等）。提出联合训练模型，综合利用浅层次、局部的词共现信息和深层次、全局的模式共现信息，设计临近词预测和关联模式预测任务，以训练高质量的词语义向量化模型。

5.3　预备知识

我们提出的增强关联模式的词向量表示方法，同时利用了语料中的上下文信息和关联模式信息。本节，我们将对基于上下文信息的词向量方法和关联模式挖掘方法进行介绍，为后续方法的介绍做铺垫。

5.3.1　基于上下文信息的语义表示模型

基于上下文信息的语义表示方法利用神经网络构建语言模型，可以快速地从大规模无标注的语料中学习词的潜在语义特征。在众多基于上下文信息的表示方法中，最流行的模型是米科洛夫（Mikolov）等人提出的 Word2Vec 方法。该方法将利用滑动窗口处理语料，并基于语言模型设计不同的预测任务，利用单层神经网络训练模型。Word2Vec 方法包括两个模型：

- CBOW 模型使用滑动窗口的上下文词预测目标词；
- Skip-gram 模型使用滑动窗口中的目标词预测其上下文词。

具体来说，CBOW 模型的训练目标函数是最大化语料中每个窗口预测目标词的概率，即：

$$\mathcal{L}(D)_{\text{CBOW}} = \frac{1}{T}\sum_{i=1}^{T}\log P(w_i \mid w_{i-k},\cdots,w_{i-1},w_{i+1},\cdots,w_{i+k})$$

其中，w_i 是目标词；T 是语料中的窗口数量。

预测概率使用 softmax 函数进行计算：

$$P(w_i|w_{i-k},\cdots,w_{i-1},w_{i+1},\cdots,w_{i+k}) = \frac{\exp(\boldsymbol{w}_i \cdot \boldsymbol{w}_c)}{\sum_{w\in W}\exp(\boldsymbol{w} \cdot \boldsymbol{w}_c)}$$

其中，W 是词表；$\boldsymbol{w}_i$ 是 w_i 的词向量；$\boldsymbol{w}_c$ 是所有上下文的词向量的平均向量。

Skip-gram 模型的目标函数是用目标词预测上下文词，其目标函数是最大化预测概率：

$$\mathcal{L}(D)_{\text{Skip-gram}} = \frac{1}{T}\sum_{i=1}^{T}\sum_{-k\leqslant c\leqslant k,c\neq 0}\log P(w_{i+c}\mid w_i)$$

其中预测概率为：

$$P(w_{i+c}|w_i) = \frac{\exp(\boldsymbol{w}_{i+c}\cdot\boldsymbol{w}_c)}{\sum_{w\in W}\exp(\boldsymbol{w}\cdot\boldsymbol{w}_c)}$$

其中，W 是词表；$\boldsymbol{w}_i$ 是目标词 w_i 的词向量；$\boldsymbol{w}_{i+c}$ 是上下文词的词向量。Word2Vec 方法利用单层神经网络学习词的语义特征表示，利用哈夫曼树或者负采样的方法，降低模型的复杂度，可以从大规模的语料中快速学习词的语义特征。

5.3.2 关联模式挖掘

Word2Vec 的方法利用滑动窗口中的上下文信息学习语义特征，无法捕捉到超越滑动窗口的其他相关词。尤其在语料大小有限的情况下，基于滑动窗口的词共现比较稀疏，会导致网络训练不充分。为缓解这个问题，我们引入关联模式挖掘技术用于发现更加丰富的、长距离的词间的相关性信息。关联模式挖掘（Associated Patterns Mining）是一种基于规则的数据分析技术，通常用于发现语料中模式（Pattern）之间的依存性和关联性，从大量模式组合的个体频率和条件频率中发现隐藏规则。通常，每一条规则包含两个模式：前向模式（Antecedent Pattern）和后向模式（Consequent Pattern），分别记作 X 和 Y。从全局来说 X 和 Y 共同出现的频率 $\text{Supp}(\cdot)$ 满足最小支持阈值 T_s，从局部信息来说 X 和 Y 的条件概率 $\text{Conf}(X\rightarrow Y)$ 满足最小置信阈值 T_c，则将这两种模式视为一种规则，即：

$$\begin{cases} \mathrm{Supp}(X \cup Y) \geqslant T_s \\ \mathrm{Conf}(X \to Y) = \dfrac{\mathrm{Supp}(X \cup Y)}{\mathrm{Supp}(X)} \geqslant T_c \end{cases}$$

其中，条件概率 $\mathrm{Conf}(X \to Y)$ 代表 X 依赖于 Y 出现的概率。我们将每条规则中的模式 X 和 Y 统一记作关联模式。$I = \{p_1, p_2, \cdots, p_n\}$ 代表模式的集合，当 X 和 Y 满足如下规则时被记作关联模式：

$$X \in I, Y \in I, X \cap Y = \varnothing$$

$$\mathrm{Supp}(X) \geqslant T_s, \mathrm{Supp}(Y) \geqslant T_s$$

$$\mathrm{Conf}(X \to Y) \geqslant T_c$$

对每条规则中的模式，我们将前向模式记作 $\mathrm{pat_A}$，将后向模式记作 $\mathrm{pat_C}$。例如在图 5.1（b）中，program languages→algorithms 是一条规则，$\mathrm{pat_A}$=program languages，$\mathrm{pat_C}$=algorithms。

从语料中发掘关联模式之后，我们需要将模式和词典中的每个词（w_i）进行对齐。具体来说，与词（w_i）相关的所有模式的集合记作 $\mathrm{PAT}(w_i)$，该集合包含两个子集合：

- 前向模式集合 $\mathrm{PAT^A}(w_i)$：对于任何一条规则，如果 $\mathrm{pat_C}$ 中包含 w_i，则 $\mathrm{pat_A}$ 被作为 $\mathrm{PAT^A}(w_i)$ 的元素之一；
- 后向模式集合 $\mathrm{PAT^C}(w_i)$：对于任何一条规则，如果 $\mathrm{pat_A}$ 中包含 w_i，则 $\mathrm{pat_C}$ 被作为 $\mathrm{PAT^C}(w_i)$ 的元素之一。

在 APWE 方法中，前向模式子集合 $\mathrm{PAT^A}(w_i)$ 和后向模式子集合 $\mathrm{PAT^C}(w_i)$ 分别与 CBOW 和 Skip-gram 模型结合，用于训练不同的模型。

5.4　增强关联模式的语义表示模型

APWE 模型的基本思想是同时考虑词的临近上下文信息和长距离关联信

息，增强向量空间刻画词间远距离语义关系的能力。在模型设计上，APWE 以 Word2Vec 为基础模型，在预测上下文任务的基础上引入关联关系预测任务。根据基础模型的不同，我们分别提出了基于 CBOW 模型和 Skip-gram 模型的两种 APWE 模型。本节将对这两种模型进行详细介绍。

5.4.1 基于 CBOW 的 APWE 模型

基于 CBOW 的增强关联关系模式（Associated Patterns Enhanced CBOW）的 APWE 模型结构如图 5.2（a）所示。该模型同时使用上下文信息和关联模式预测目标词。由于该模型使用关联模式预测目标词，因此我们使用前向模式子集 $\mathrm{PAT}^{\mathrm{A}}(w_i)$ 进行计算，相应的模型记作 A-APWE。

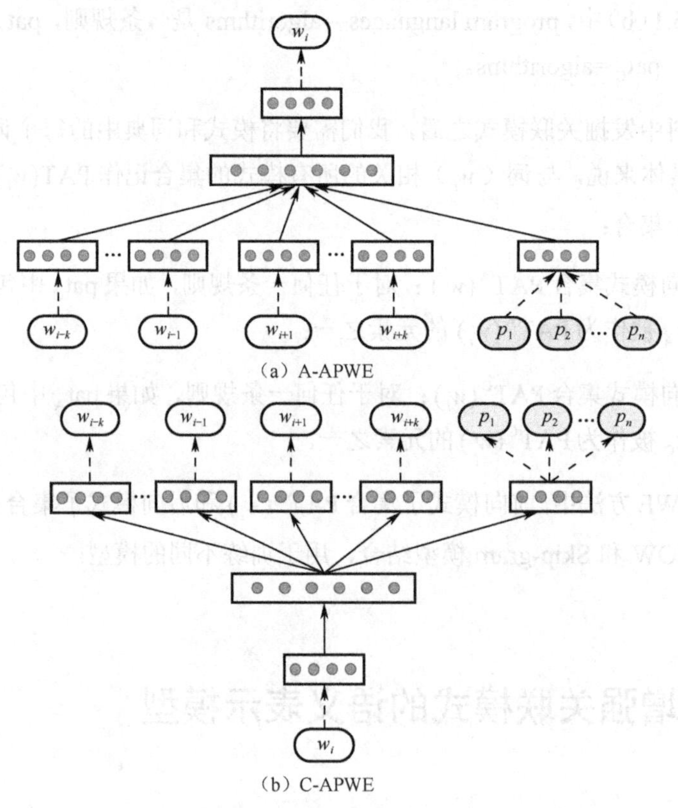

图 5.2 增强关联关系模式的 APWE 模型结构图

模型中包含两个预测任务：

（1）上下文预测目标词，实现在上下文窗口的局部层次中捕捉词之间的关系，使上下文中相似的词具有相似的表示。

（2）关联模式预测目标词，实现远距离捕捉词间的关联，增强它们在语义空间中的联系，其目标函数为：

$$\mathcal{L}(\mathrm{PAT}^{\mathrm{A}}(w_i)) = \sum_{\mathrm{pat}_j \in \mathrm{PAT}^{\mathrm{A}}(w_i)} \log P(w_i \mid \mathrm{pat}_j)$$

其中，pat_j 是前向模式子集 $\mathrm{PAT}^{\mathrm{A}}(w_i)$ 中的一个模式，概率 $P(w_i \mid \mathrm{pat}_j)$ 为：

$$P(w_i|\mathrm{pat}_j) = \frac{\exp(\boldsymbol{w}_i \cdot \boldsymbol{w}_{\mathrm{pat}_j})}{\sum_{w \in W} \exp(\boldsymbol{w} \cdot \boldsymbol{w}_{\mathrm{pat}_j})}$$

其中，$\boldsymbol{w}_{\mathrm{pat}_j}$ 是模式 pat_j 包含的所有词的平均向量。结合上下文信息和关联模式预测，A-APWE 模型的目标函数为：

$$\mathcal{L}_{\text{A-APWE}} = \frac{1}{T}\sum_{i=1}^{T}\left(\log P(w_i|w_{i-k},\cdots,w_{i+k}) + \alpha\sum_{n=1}^{N}\log P(w_i \mid \mathrm{pat}_n^{w_i})\right)$$

其中，α 是结合参数。我们使用负采样的方法对 A-APWE 模型进行训练，使用随机梯度下降算法（Stochastic Gradient Descent，SGD）最小化损失函数。在训练过程中，当滑动窗口中的目标词存在前向模式集合时，模式预测模块被激活。

5.4.2 基于 Skip-gram 的 APWE 模型

基于 Skip-gram 的增强关联关系模式的 APWE 模型结构见图 5.2（b）。该模型使用目标词预测其上下文信息和关联模式信息。对于目标词 w_i，我们使用后向模式集合 $\mathrm{PAT}^{\mathrm{C}}(w_i)$ 作为其要预测的关联模式，并将模型记作 C-APWE。与 A-APWE 模型相似，该模型包括两个预测任务：

（1）使用目标词预测其上下文信息。

（2）使用目标词预测其关联模式。训练目标是最大化上下文信息和关联模式信息的预测概率：

$$\mathcal{L}(\mathrm{PAT}^{\mathrm{C}}(w_i)) = \sum_{pat_j \in \mathrm{PAT}^{\mathrm{C}}(w_i)} \sum_{w_j \in \mathrm{pat}_j} \log P(w_j \mid w_i)$$

其中，对模式的预测概率 $P(w_j \mid w_i)$ 为：

$$P(\mathrm{pat}_j|w_i) = \sum_{w_k \in \mathrm{pat}_j} \frac{\exp(\boldsymbol{w}_k \cdot \boldsymbol{w}_i)}{\sum_{w \in W} \exp(\boldsymbol{w} \cdot \boldsymbol{w}_i)}$$

其中，w_k 是 pat_j 中的词。C-APWE 模型将 Skip-gram 的上下文信息预测与关联模式信息预测相结合，最终目标函数为：

$$\mathcal{L}_{\text{C-APWE}} = \frac{1}{T}\sum_{i=1}^{T}\left(\sum_{-k \leqslant c \leqslant k, c \neq 0} \log P(w_{i+c}|w_i) + \beta \sum_{n=1}^{N} \log P(\mathrm{pat}_n^{w_i} \mid w_i)\right)$$

其中，β 是结合参数。在优化过程中，C-APWE 模型使用负采样的方法进行优化，使用随机梯度下降算法最小化损失函数。在训练过程中，当滑动窗口中的目标词存在后向模式集合时，模式预测模块被激活。

5.5 实验

为验证 APWE 模型的有效性，我们在文本分类任务和查询词扩展任务上将 APWE 方法和其他方法进行对比。本节首先介绍了对比方法；然后展示 APWE 与其他方法在两项任务中的整体评测效果；随后，对 APWE 模型中的参数设置进行分析；最后，进行实例分析，更深入地说明 APWE 模型的有效性。

5.5.1　对比方法

APWE 方法是基于无标注语料的语义表示方法，我们将如下三种基于无标注语料的高质量的分布式语义表示方法作为对比方法：

（1）Word2Vec 是最常用的分布式语义表示方法，也是 APWE 模型的基础方法。

该方法包含 CBOW 和 Skip-gram 两个模型，仅利用词的上下文信息学习词的语义特征表示。我们使用官方发布的训练模型代码从不同的语料中学习词向量。其中，向量维度为 300，窗口大小为 5，采用负采样的优化方式。

（2）TWE（Topical Word Embedding）是增强主题信息的分布式语义表示方法。

该方法以 Skip-gram 为基础模型，利用 LDA 模型挖掘词的主题信息，然后将主题特征嵌入到向量空间，提升语义表示的质量。在训练过程中我们使用官方发布的训练代码并使用 TWE-1 版本进行训练。其中，向量维度设置为 300，窗口大小设置为 5，其他参数使用默认值。

（3）GloVe 是基于语料中的全局统计信息的分布式语义表示方法。

这是一种通过全局共现矩阵分解学习词语义的向量化表示方法。我们利用官方发布的代码和默认参数训练词向量空间，其中，向量维度设置为 300。

5.5.2　实验 I：文本分类

首先，我们使用文本分类任务对 APWE 方法和其对比方法进行评测。该任务使用不同的语义表示方法对文本进行向量化表示并作为文本特征，用于训练分类器。高质量的表示方法可以更好地表示文档的语义，获得更好的文本分类效果，所以我们使用文本分类的准确度作为不同语义表示方法的评价指标。

1. 实验设置

实验使用如下三个常用的文本分类数据集。不同数据集的统计信息见表 5.1。

表 5.1　文本分类数据集的统计信息

数据集	训练集包含数据条数	测试集包含数据条数	词表大小（字数）	词总字数	平均数据长度（字数）	数据集大小/KB
K	1600	400	9066	1.40×10^5	69.33	711
D	1600	400	16018	1.72×10^5	85.33	903
E	1600	400	9641	1.36×10^5	67.27	697
B	1600	400	16575	1.76×10^5	87.07	951
CR	3450	320	5319	7.4×10^4	17.70	353
TREC	5452	500	8604	5.4×10^4	9.71	264

（1）Amazon Reviews 数据集收集了亚马逊网站四个类型产品的评论数据，包括厨房用品（K）、DVD（D）、电子产品（E）和书籍（B）。数据集中的每一条评论包含多个句子，并且被标注为正向或者负向评论。

（2）Custom Reviews 是一个对产品评论进行分类的数据集。该数据集是二分类数据集，每条评论被标注为正向或者负向。

（3）TREC 数据集对 TREC 任务中的问句进行分类。我们使用 TREC-6 版本，包括六类不同类型的问题。

在实验中，APWE 方法和其他对比方法的向量维度设置为 300。我们选用了两类分类器：

（1）SVM 分类器：我们将每个文档的特征表示为文档中所有词的向量平均值，然后使用线性分类器 SVM 在训练数据集中学习分类器，并应用于测试集中评价其分类的准确率。

（2）CNN 分类器：我们使用包含 100 个大小为 5 的过滤器的 CNN 文本分类模型，选取不同的语义表示方法用于模型的初始化。在实验中，我们重复

10 次试验并使用准确率的平均值进行比较。

2. 实验结果

在文本分类任务中，APWE 模型和其他模型在不同数据集中的实验效果对比见表 5.2。从表中我们可以观察到：

表 5.2 文本分类任务中 APWE 模型与其他模型的实验效果（准确率（%））

方法	SVM 分类器						CNN 分类器					
	K	D	B	E	CR	TREC	K	D	B	E	CR	TREC
CBOW	81.3	73.5	74.5	76.5	80.9	89.4	85.3	80.3	79.5	82.8	86.4	89.6
Skip-gram	82.0	80.0	77.8	78.5	82.5	87.8	84.8	79.5	80.5	80.0	88.8	88.3
TWE	80.8	79.5	77.5	75.8	80.5	76.5	78.8	75.5	77.5	74.0	87.2	82.0
GloVe	78.5	68.0	68.8	71.3	73.0	70.3	83.8	75.0	73.5	79.5	76.0	83.8
A-APWE	84.5	80.5	83.3	84.0	83.6	91.3	87.8	81.8	81.3	85.3	89.3	92.8
C-APWE	84.8	80.8	84.0	84.5	84.7	92.1	88.0	82.3	82.5	86.0	89.7	94.5

（1）在不同数据集中无论使用 SVM 分类器还是 CNN 分类器，本章提出的 APWE 模型的实验效果均明显优于其他对比方法。这些现象说明关联模式信息可以帮助提升语义表示的质量，验证了本章提出的联合训练模型可以有效地将关联信息嵌入到向量空间中，提升语义表示的质量。

（2）与基础模型（CBOW 和 Skip-gram）相比，APWE 模型的效果更好。例如 A-APWE 模型比它的基础模型 CBOW 在 SVM 分类器 D 数据集上效果提升了 7%。从数据集统计信息中可以观察到我们使用的文本分类数据集是小规模数据集，用于训练向量空间的文本数据有限。这些信息说明 Word2Vec 受限于小规模的训练数据，无法学习高质量的语义特征表示。APWE 方法引入关联模式信息，可以发掘小规模语料中更多的语义相关信息，有利于训练高质量的、稳定的向量空间。

（3）GloVe 方法利用全局统计信息学习词的向量表示。与 GloVe 方法相比，APWE 模型的效果更好，主要原因是关联模式可以获得句子级别的词间的强关联信息，与使用所有词间的共现信息相比其语义表示的质量更好，可以有效过滤掉不相关的词，因此在实验中比全局统计的共现信息更有效。

（4）TWE 方法可同时利用上下文信息和主题信息。APWE 模型比 TWE 方法更加有效，说明在小规模的数据集中，关联模式信息比主题信息更可靠，有利于提升语义表示的质量。

5.5.3 实验 II：查询词扩展

我们使用查询词扩展（Query Expansion）作为评测任务。在信息检索过程中用户提供的查询词通常仅包含几个词，无法全面表达用户检索意图。针对这个问题，查询词扩展任务对用户提供的查询词进行扩展，使用扩展的查询词集合与被查询文档进行匹配，提高检索的准确率。

1. 实验设置

本实验中，给定一个查询词 q ，我们在向量空间中根据余弦相似度寻找与其最相近的 n 个词作为扩展词。将每个扩展词 q^{+} 与原始查询词 q 的余弦相似度作为扩展词的权重。因此，每个查询词 q 被扩展后可以表示为 $Q=q\cup Q^{+}$ 。在文档查询过程中，每个文档对 Q 的打分计算为：

$$F(Q)=f(q)+\gamma\sum_{q_i^{+}\in Q^{+}}f(q_i^{+})\cdot\cos(\boldsymbol{q}_i^{+},\boldsymbol{q})$$

其中，γ 是原始查询词与扩展词的结合参数，$f(q)$ 是检索模型中查询项的打分函数，如词频、TFIDF、BM25（一种相关性打分算法）等。我们使用 BM25 算法计算每个查询词 q 的打分 $f(q)$ 。$\cos(\boldsymbol{q}_i^{+},\boldsymbol{q})$ 是扩展的查询词和原始查询词的余弦相似度。

我们使用 RCV1（Reuters Corpus Volume1）数据集进行查询词扩展实验。RCV1 数据集被广泛地应用于信息检索任务中。该数据集共有 806791 个文档，涵盖了不同的主题，这些文档共分为 50 个集合，每个集合又分为一个测试集和一个训练集，每个文档都标注了是否与查询词相关。每个文档包含 title 和 text 两部分，我们将其中的每个单词都转换成小写字母，并使用 Stanford Tokenizer 工具对所有文本进行词根化处理。

为了训练词向量，我们将 RCV1 数据集中的所有文档合并为训练语料，其中包含 1600 万个单词。为挖掘关联模式，我们将数据集分割成句子并将所有句子组合在一起进行关联规则挖掘，共生成了 88564 条规则。为了评估性能，我们使用信息检索领域中的四个标准评价指标：前 10 个文档的平均精度（P@10）、F1 度量、全类平均精度（MAP）、平衡点（*b*/*p*）。这些评价指标的分数越高，系统表现越好。在实验中，不同方法的向量维度统一设置为 300。在设置查询词的扩展集合（Q^{+}）大小时，我们选择了训练集中的 10%的数据作为开发集合，并对不同的扩展词数量 *n* 进行了效果对比。如图 5.3 所示，APWE 方法扩展词个数为 5 时模型达到了最好的性能，GloVe、TWE、CBOW 和 Skip-gram 模型分别在扩展词数量为 6、5、5 和 6 的时候获得最好的扩展效果。

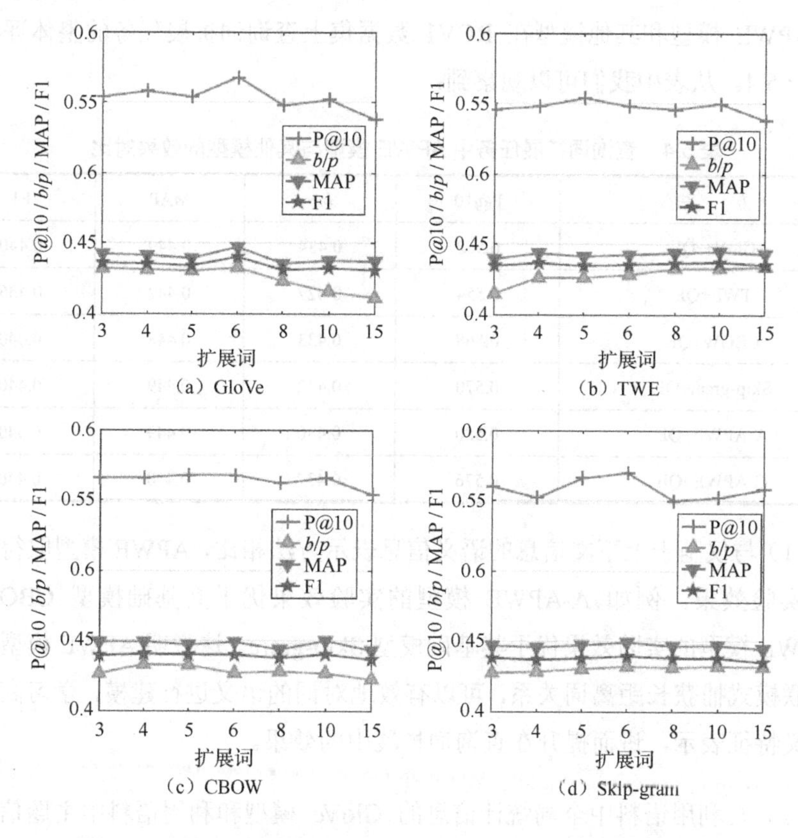

图 5.3 查询词扩展任务中使用不同大小扩展集合的效果对比图

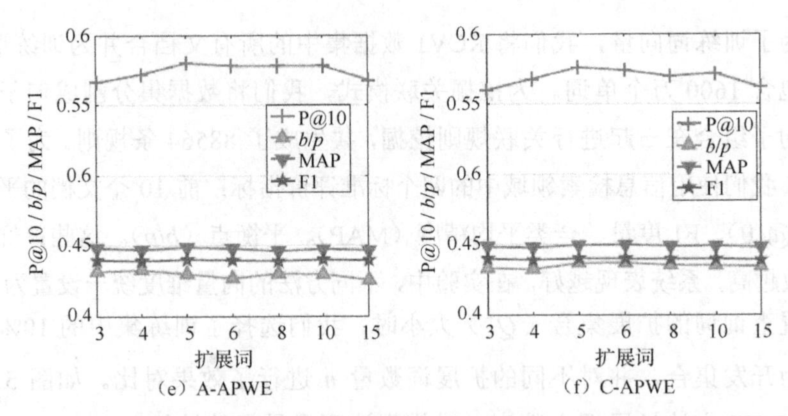

图 5.3　查询词扩展任务中使用不同大小扩展集合的效果对比图（续）

2. 实验结果

APWE 模型和其他模型在 RCV1 数据集上查询词扩展任务的整体评测效果见表 5.4。从表中我们可以观察到：

表 5.4　查询词扩展任务中 APWE 模型与其他模型的效果对比

方　法	P@10	*b*/*p*	MAP	F1
GloVe+QE	0.562	0.434	0.449	0.440
TWE+QE	0.554	0.427	0.442	0.435
CBOW+QE	0.568	0.433	0.448	0.440
Skip-gram+QE	0.570	0.432	0.449	0.440
A-APWE+QE	0.580	0.430	0.449	0.440
C-APWE+QE	0.576	0.437	0.450	0.440

（1）与仅基于上下文信息的语义信息表示方法相比，APWE 模型取得了更好的实验效果。例如 A-APWE 模型的实验效果优于其基础模型 CBOW，C-APWE 模型的实验效果优于其基础模型 Skip-gram。这说明 APWE 模型中利用关联模式捕获长距离词关系，可以有效地对词的语义进行建模，学习高质量的语义特征表示，进而提升在查询词扩展中的效果。

（2）与利用语料中全局统计信息的 GloVe 模型和利用语料中主题信息的 TWE 模型相比，APWE 模型取得了更好的效果。如前所述，TWE 模型对

Word2Vec 模型进行了改进，通过集成主题信息来生成词向量，而 GloVe 模型考虑了全局信息。然而与本书提出的模型相比，它们都没有考虑到那些长距离、高质量、可信的词之间的关联。这些关联信息的获取是 APWE 模型在查询词扩展任务上比其他方法表现得更好的主要原因。

（3）在对基础模型的提升方面，A-APWE 模型的提升效果明显高于 C-APWE。主要原因是 A-APWE 使用关联模式（通常包括多个词）预测目标词，而 C-APWE 仅使用单个词来预测目标词，A-APWE 模型的预测任务效果比 C-APWE 模型更加稳定。因此，A-APWE 取得了更好的性能。上述现象说明关联模式的质量影响 APWE 模型的预测任务效果，进而影响最终的模型效果。在实际应用中，关联模式挖掘方法会产生大量的规则，因此需要合理过滤规则以提升关联模式的质量。

5.5.4 参数分析

APWE 模型需要进行关联模式挖掘，这一过程中需要关注两个参数 T_s 和 T_c，它们分别是关联模式挖掘中的支持度和信赖度的阈值。过低的支持度和信赖度会保留大量的关联关系，引入过多的噪声数据。在本实验中，为了平衡效率和复杂度，我们将 T_s 设置为 5、将 T_c 设置为 0.7。在实际应用中，支持度和信赖度的阈值选择和语料密切相关，需要根据具体的语料对 T_s 和 T_c 进行调整。

APWE 模型中另外两个需要关注的参数分别是 α 和 β，是模型中上下文信息预测和关联模式预测的结合参数，控制 APWE 模型中关联模式预测模块的重要程度。我们在查询词扩展任务的 RCV1 开发集上，对 α 和 β 在 0.1 到 1.0 区间内进行步长为 0.1 的网格搜索。不同结合参数的实验效果如图 5.4 所示，当组合权重为 0.6 时两种模型均达到了最优性能。在实验中，我们将 α 和 β 均设置为 0.6。实际应用中，APWE 模型的 α 和 β 参数推荐使用范围是[0.5,0.7]。

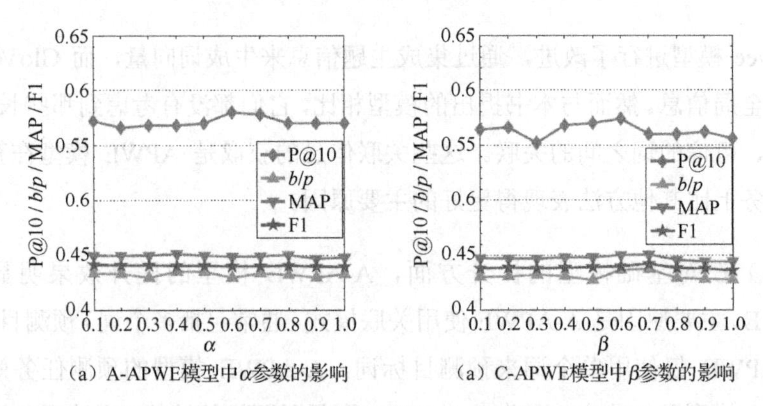

（a）A-APWE模型中α参数的影响　（a）C-APWE模型中β参数的影响

图 5.4　APWE 模型的不同结合参数的实验效果对比

5.5.5　实例分析

为了深入分析 APWE 模型的有效性，我们在查询词扩展任务中进行了实例分析。

具体来说，当给定查询词 computer 和 arms 时，图 5.5 对比了不同语义表示方法中与查询词的最临近的词。词间的相似度是使用余弦相似度进行测量的。从图 5.5 中我们观察到：

模型	computer				
GloVe	assoc	navio	dell	laptop	horizons
TWE	software	computers	networking	macintosh	handheld
CBOW	motherson	audio	mediwar	disk	comint
Skip-gram	software	computers	legent	playback	javastation
A-APWE	computers	software	computing	pc	workstations
C-APWE	software	computers	internet	embed	hpcs
模型	arms				
GloVe	weapons	cache	decommissioning	morgane	proliferation
TWE	weapons	baghdads	arsenal	cooperates	nikita
CBOW	weapons	unsafeguarded	missile	weaponry	airacraft
Skip-gram	weapons	credibity	ballastic	churns	dustruction
A-APWE	weapons	missile	iraq	weaponry	haemorrhaging
C-APWE	weapons	ballastic	bilogical	churns	iraq

图 5.5　不同模型中词的最临近词对比

（1）传统的利用上下文信息预测的方法选择了与查询词不相关的词作为扩展词，例如 GloVe 方法将 horizons 视为与 computer 相似的单词；Skip-gram 方法将 credibity 视为与 arms 相似的词。这主要是因为在语料小、词共现频率低的情况下，上下文信息是不准确的。APWE 模型利用了关联模式信息，可以从全局的角度挖掘高度关联的词，在一定程度上可以降低上下文信息中的不相关词的影响。

（2）针对查询词 arms，不同的语义表示方法选择的最临近词都是 weapons。这一现象的主要原因是这些方法都利用了上下文信息学习词的语义特征，说明 APWE 模型没有忽略掉重要的上下文信息，验证了本章设计的联合学习框架的有效性。

（3）语言是由不同粒度的语义组合而成的，但是基于上下文信息的模型很难捕获词的不同粒度的语义关系。例如词 javastation 比 computer 语义更具体，但是它们在 Skip-gram、CBOW 和 GloVe 模型中处于相同的相似词列表中，忽略了他们来自不同粒度、不同层次的特点。而 APWE 模型选择的查询词的扩展词，大多分布在同一个语义抽象层次上，可以保持语义的一致性。

5.6 本章小结

针对分布式语义表示方法无法利用语料中的深层的、长距离关联关系的问题，本章提出了一种新颖的增强关联模式的语义表示方法。该方法依托于关联模式挖掘技术，充分挖掘语料中具有强关联关系的、长距离的关联信息。我们设计了联合学习框架，同时训练短距离上下文预测任务和长距离模式预测任务，在向量空间中对词的长距离和短距离关联关系同时建模，实现了语料中局部共现和全局关联信息的充分利用和融合。我们利用文本分类任务和查询词扩展任务对 APWE 模型进行评测，实验结果表明我们的方法比现有的其他方法更加有效、灵活。值得注意的是，现有的基于预训练语言模型的方法通过双向上下文预测也可以学习到词间的长距离语义关联关系。本章提出的方法是利用关联模式规则，显式地将长距离的词间语义关联关系嵌入到向量空间中。基于预训练的语言模型，利用注意力机制隐式地学习长距离的词间语义关联关系。另一方面，本章设计的 APWE 模型利用联合训练的方法将短距离和长距离的上下文信息融入表示空间中，在分步利用这两部分信息的过程中，需要单独设计融合方式，如模糊系统等，实现异构信息的融合。

未来，我们将针对如下两个方面展开进一步研究：

（1）在模型效率方面，我们将研究如何对从语料中挖掘的大量的关联模式进行过滤，清理噪声规则，提升模式预测模块的效率。

（2）在模型健壮性方面，我们将研究如何设计动态的关联模式预测任务，增强低频且具备领域独特性的词利用关联模式信息的有效程度。

第 6 章

基于知识的语义向量化表示

6.1 引言

分布式语义表示方法旨在将语料中的所有词映射到一个低维度、稠密的向量空间，并且每个词向量均可以表示其潜在的语义特征。早期，研究人员主要利用无标注的文本数据作为学习语义特征的资源。常用的方法可以分为两类，一类基于语言模型设置预测任务（给定一个词序列预测下一个词出现的概率），如神经网络语言模型 NNLM、Word2Vec 等；另一类基于词共现矩阵进行矩阵分解，如 GloVe 方法对全局统计信息进行矩阵分解。近年来，研究人员开始探索如何利用其他蕴含语义特征的资源进行语义表示。知识库（Knowledge Base，KB）如 WordNet、Freebase 等，是人类对知识的总结和凝练，包含人类手工编辑的高质量的知识。知识库中蕴含了丰富的语义信息，可以弥补基于文本的方法对词语义的“理解”仅停留在文字表层的缺陷，是与非结构化的文本互补的资源。如何利用非结构化的知识成为目前分布式语义特征表示的研究热点。

词的语义信息一方面蕴含在非结构化的文本信息中，另一方面也存储在由人类专家组织的、高质量的结构化语义知识库中，联合利用互补的非结构化文本信息和结构化语义知识，可以有效地提升词表示的效果。现有的联合利用文本信息与知识库的语义表示方法通常仅利用知识库中词对之间的关系，例如约束同一类别的词语义相近，应增加正则项约束有语义关系的词对。但是这些方法无法全面刻画知识库中复杂的词间的语义结构（Semantic Structure）信息。

为了充分利用知识库，我们提出在训练过程中对知识库中的语义结构信息进行建模。图 6.1 展示了一个典型的语义结构示例，图中红色与蓝色代表两类目标词。图 6.1（a）所示的是文本信息，下划线的词是目标词的上下文，图 6.1（b）是从 WordNet 中提取的目标词的语义结构。从图中我们可以观察到语义结构的优势主要体现在以下两个方面：

World Cup final is the most watched game in football...

NBA is the most watched game in basketball...

The national basketball association most valuable player (MVP) is an annual..

The Elite Football Academy staff is much more than just coaches and trainers.

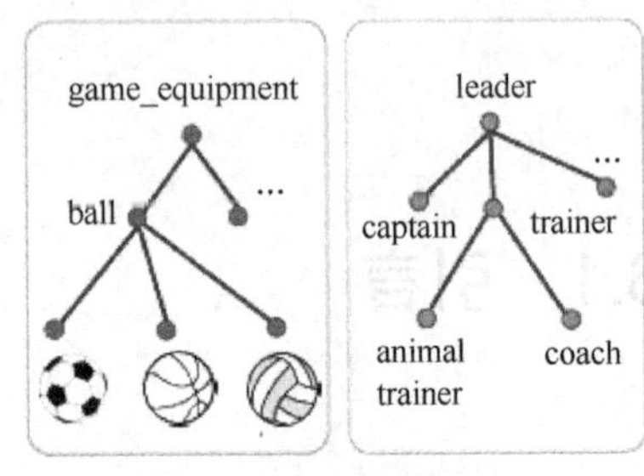

（a）文本信息　　　　（b）语义结构

图 6.1　非结构化文本信息与结构化语义知识对比图

（1）语义结构比文本信息更丰富。

图 6.1(a)中的句子显示足球(football)、篮球(basketball)与训练员(trainer)、教练（coach）有相似的上下文，因此在基于上下文信息的表示方法中它们拥有相似的向量表示，无法区分它们在概念和语义上的差异。图 6.1（b）所示的语义结构可以清晰地表示它们抽象的、不同粒度的语义信息：一方面，这四个词分布于两个不同的子图中体现出它们来自不同的概念，例如足球、篮球属于“球”，教练、训练员属于“领导者”；另一方面，足球和篮球是兄弟节点，在子图中非直接连接，说明它们具有不同的属性。

（2）语义结构比词对间关系更稳定、可靠。

语义结构综合刻画词在知识库中的结构信息，包括与其直接连接、间接相连的节点等。例如，知识库中足球的结构信息包含：它是一种球类；它与篮球、棒球等相似但又有不同的属性。这种结构信息对词语义信息的刻画比上下文信息更全面、稳定。

为了利用知识库中的语义结构信息，我们设计了基于语义结构的词向量模型（Semantic Structure-based Word Embedding，记作 SENSE 模型）。该模型综合利用知识库中的语义结构和语料中的上下文信息，构建语义表示的向量空间。具体来讲，为了在词向量训练过程中对语义结构进行建模，我们提出了概念聚合（Concept Convergence）和词分散（Word Divergence）两个原则，基本思想可以直观表示为：足球和篮球共同属于球类（概念聚合），但是他们也拥有各自独特的属性（词分散）。然后我们通过联合训练模型，将上下文信息和语义结构同时嵌入到向量空间中。为了验证 SENSE 方法的有效性，我们使用内部评测和外部评测的方法对向量空间进行综合评价，共包括词相似度、词类比任务、查询词扩展任务和文本分类四个任务。实验结果表明 SENSE 方法利用语义结构显著提升了语义表示的效果，在实际任务中明显超越了其他语义表示方法。

6.2 相关工作

知识库中蕴含了丰富的语义资源。为了利用知识库中结构化的知识，一类研究利用知识库表示学习（Knowledge-Base Representation Learning，KRL）的方法构建向量空间，然后对知识表示空间和文本表示空间进行融合；另外一类研究对知识和文本进行联合表示学习。本节对这两类方法的相关工作进行介绍。

6.2.1 知识库表示

知识库的存储和使用都需要设计专门的算法，通常用图的形式进行表示，其中“节点”代表实体，“边”代表实体间的关系。分布式的表示方法为知识的表示提供了新的思路，通过构建低维向量空间并利用向量计算来表示实体和关系的语义联系，可以有效地提高知识库在知识获取、融合以及推理上的性能。因此，知识库的表示学习也成了近年来的研究热点。

诸多研究工作已经提出多种方法将知识库中的实体（Entity）和关系（Relation）映射到一个连续低维空间。受到Word2Vec工作的启发，博兹（Bordes）等人提出基于翻译机制的TransE模型。该模型将三元组$(\boldsymbol{h},\boldsymbol{r},\boldsymbol{t})$中的关系$\boldsymbol{r}$视为在低维空间中从头实体$\boldsymbol{h}$到尾实体$\boldsymbol{t}$的翻译，即$\boldsymbol{h}+\boldsymbol{r}=\boldsymbol{t}$。其中，$\boldsymbol{h}$和$\boldsymbol{t}$均表示实体向量，$\boldsymbol{r}$表示关系向量。尽管TransE模型构思简单，但是在知识库表示学习领域表现出很好的性能，尤其是在大规模和稀疏性的知识库上。针对TransE模型无法处理“一对多”关系的问题，TransH模型提出让一个实体在不同的关系下拥有不同的表示，TransR模型则在此基础上进一步改进，关注实体的不同属性，根据实体不同的关系设置不同的语义空间。此外，为了解决TransR模型和TransH模型的计算复杂度问题以及头、尾实体共享映射矩阵的问题，Ji等人提出了TransD方法用于解决知识库中实体和关系的不平衡问题以及异质性问题。TransSparse模型使用稀疏矩阵代替TransR模型中的稠密矩阵，同时对头实体和尾实体分别使用两个不同的投影矩阵进行投影。

在知识表示的基础上，研究人员对文本与知识联合表示学习问题进行了探索。例如Wang等人提出通过词表示和实体表示的对齐实现协同表示学习；Zhong等人提出在表示学习中考虑文本数据，利用Word2Vec学习“维基百科”正文中的词表示，利用TransE学习知识库中的知识表示，然后利用维基百科正文中的链接信息让文本中实体对应的词表示与知识库中的实体表示尽可能地接近，从而实现文本与知识库融合的表示学习。Wang等人提出利用外部文本中的上下文信息辅助知识库的表示学习，将实体回标到文本语料中并以此获取实体词与其他重要词的共现网络。基于这种网络定义实体与关系的文本上下文，将其融入知识库中，最后利用翻译模型对实体与关系的表示进行学习。

综上所述，我们可以看到这类融合文本与知识的表示研究主要考虑了实体描述与知识表示学习模型，对语义信息的利用较少。

6.2.2　知识与文本联合表示

在知识和文本的联合表示方面，一部分工作不关注输入的词向量是如何训练的，主要研究如何利用知识调整词向量空间。例如 Retrofit 方法从知识库中抽取语义关系，如上下文关系、同义词关系等，调整向量空间使有关系的词具有相似的表示。

Johansson 等人提出了一种将语义网络嵌入到预先训练好的词向量空间的方法，该方法考虑到多义词的向量可以分解为不同语义向量的组合，且该语义向量与网络中相邻词的语义向量保持相似。Goikoetxea 等人独立地从文本和 WordNet 中分别学习词的向量表示，然后探索简单和复杂的方法来组合它们，结果表明独立学习的词向量表示通过简单的方法组合，在单词相似性等方面优于更复杂的组合技术。

另一部分工作是利用联合训练模型同时学习蕴含文本信息和知识的语义向量空间。例如 RCM 方法在训练过程中一方面优化语言模型任务，另一方面使具有语义关系的词对更相近，利用知识库中的词间的语义关系约束向量空间中词间的相似性，实现将知识库中的语义知识引入到向量空间中。Xu 等人提出 RC-NET 模型，同时利用知识库中的关系和范畴信息，与基于文本信息的词向量模型 Skip-gram 进行联合训练，获取词向量表示。Liu 等人提出 SWE 模型，将语义知识表示为一系列相关词对的有序相似不等式，在训练过程中优化不等关系的预测任务，将知识引入到文本表示空间中。

Bollegala 等人提出了一种考虑语义关系的词表示学习方法，并且提出基于语义关系预测两个词在句子中同时出现的概率的方法。这些方法取得了很好的语义表示效果，说明了引入知识库信息可以提升词向量表示效果。虽然这些研究在词向量训练过程中考虑了来自外部知识库的语义信息，但是它们并没有利用稳定的语义结构来改进模型。

本章提出的 SENSE 模型可以归为第二类联合学习方法，即对知识和文本的联合表示。与以往的研究不同，我们使用了知识库中的语义结构信息，在知识库中构造多层结构来表达不同的语义粒度的抽象特征。此外，我们还设计了概念收敛和词发散的原则，将语义结构融入词语义特征学习过程中。

6.3 基于语义结构的语义表示模型

给定一个语料 C 和一个知识库 G 作为输入，我们提出的基于语义结构的表示方法 SENSE 模型将学习语料中的每个词 w 均表示为一个低维度的实数向量。任何基于词间关系组织的知识库都可以应用在本方法中，例如 WordNet，Freebase，PPDB 等。在本节中，我们以 WordNet 为例介绍这一方法。首先，介绍知识库中的语义结构，然后对基于语义结构的词向量模型进行详细介绍，最后阐述该模型的训练和优化方法。

6.3.1 语义结构定义

我们将知识库定义为一个有向图 $G=(V,E)$，其中 V 代表词的集合，E 代表语义关系的集合。直观来说，在有向图中一个节点的结构信息是通过它的父节点、兄弟节点、子节点体现的。如图 6.2 所示，我们将 WordNet 知识库中 dog 这个词的语义结构信息进行了可视化处理。我们通过观察图中语义结构的规律对其进行建模。

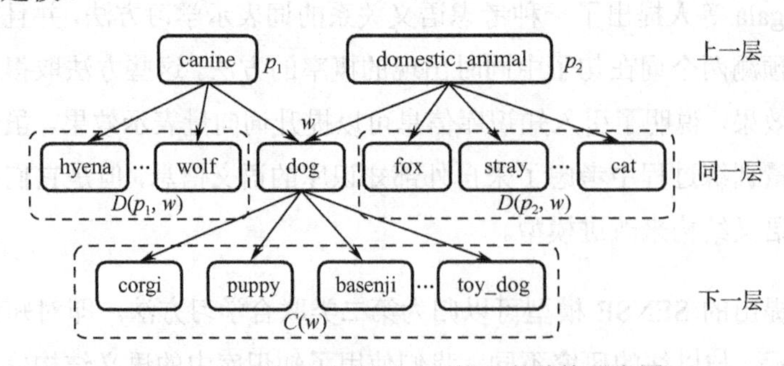

图 6.2　WordNet 中单词 dog 的语义结构示意图

首先，在语义结构中直接相连的词有共同的属性。例如 canine 与 dog 和 wolf 直接相连，canine 可以作为概念来表示 dog 和 wolf 的公共属性。由于具有相同的属性，这些直接相连的词在向量空间中的位置应该相近。因此，在语义结构建模过程中子节点向父节点聚合：

假设 1　概念聚合（Concept Convergence）：上一层的词可以作为其下一层词的概念，下一层词的中心趋向于与上一层概念词聚合。

其次，在语义结构中兄弟节点分布在同一层，但是没有直接相连。这些词趋向于相互分散以体现不同的属性。例如 wolf 和 dog 有一些共同的属性所以都与 canine 相连，但是他们之间也应该相互区分，以体现他们之间的差异性。因此，我们在语义结构建模过程中的第二个假设是：

假设 2　词分散（Word Divergence）：同一个层次的词之间趋向于相互分离。

我们基于上述两个假设设计目标函数，对知识库中的语义结构进行建模，并嵌入到向量空间中。

6.3.2 SENSE 模型

SENSE 模型联合利用语料和知识库语义结构，学习语义向量空间。本节中，首先介绍上下文信息建模和语义结构建模，然后介绍联合建模方式。

1. 上下文信息建模

我们利用高效的 Word2Vec 方法作为 SENSE 模型的基础模型，用于对上下文信息进行建模。具体来说，Word2Vec 设置一个上下文窗口在语料中滑动，将每个窗口中心的词作为目标词，其余的词作为上下文词。Word2Vec 方法包含两个模型，其中 CBOW 模型利用上下文词预测目标词，Skip-gram 模型利用目标词预测上下文词。词预测任务可以表示为：

$$\mathcal{L}_{\text{context}} = P_{\text{r}}(w|\boldsymbol{c}) = \frac{\exp(\boldsymbol{x}_w \cdot \boldsymbol{c})}{\sum_{w' \in V} \exp(\boldsymbol{x}_{w'} \cdot \boldsymbol{c})}$$

其中，w 是每次被预测的词；$\boldsymbol{c}$ 是用于预测 w 的输入序列的向量表示；$\boldsymbol{x}_w$ 和 $\boldsymbol{x}_{w'}$ 是词 w 和 w' 的向量。

2. 语义结构建模

SENSE 方法不仅用到了语料信息，同时也用到了语义结构信息。将 w 作为每次预测任务中被预测的词，我们首先介绍如何从知识库 G 中获取该词的结构信息。我们使用 WordNet 作为知识库 G 并使用其中的上下位（Hyponym-Hypernym）关系作为图的有向关系。WordNet 是一个复杂的层次图：

- 每个词 w 都有不同的词义（Synsets），所以在词和语义之间是多对多的关系；
- 一个词义有多个父节点。

在 SENSE 方法中，我们在词义这个粒度对语义结构进行建模。给定一个词 w，我们定义它的词义集合为 $S=\{w^1,w^2,\cdots,w^k\}$，其中 $w^i(1\leqslant i\leqslant k)$ 代表每个词义。为了表述清晰，我们直接使用 w 作为每个词义的简写。对于 w 的每个词义，我们在知识库中搜索它的三层结构信息：

- $P(w)=\{p_1,p_2,\cdots,p_P\}$ 代表词 w 的上一层词的集合，其中 p_i 是词 w 的父节点；
- 与词 w 同一层的词根据不同的父节点被分为 $|P(w)|$ 个子集合。每个子集合记为 $D(p_i,w)=\{u_1,u_2,\cdots,u_D\}$；
- 词 w 的下一层词记作 $C(w)=\{v_1,v_2,\cdots,v_C\}$。

基于上述内容，词 w 应当与下一层词集合 $C(w)$ 的中心相近。基于此，我们设计的目标函数如下：

$$\mathcal{L}_c = \sum_{S(w)} \cos\left(\boldsymbol{x}_w, \frac{1}{|C|}\sum_{v\in C(w)} \boldsymbol{x}_v\right)$$

其中，$|C|$ 是 $C(w)$ 的大小；cos 是相似度计量函数。

词分散原则指的是扩大同一层词之间的距离，即扩大词 w 与 $D(\cdot,w)$ 中词的距离。因此我们设计的目标函数如下：

$$\mathcal{L}_d = \sum_{S(w)} \sum_{p_i \in P(w)} \sum_{u \in D(p_i,w)} \cos(\boldsymbol{x}_w, \boldsymbol{x}_u)$$

其中，$P(w)$ 是 w 的上一层词的集合。由于在知识库中部分词的同一层兄弟节点的数量巨大，在训练过程中我们使用了随机采样的方法，选取 5 个同层的词，实现效果与效率之间的平衡。

3. 联合模型与优化方法

如前所述，我们将上下文信息和语义结构信息融合到一个统一的模型中，最终的优化目标是：

$$\mathcal{L} = \max(\mathcal{L}_{\text{context}} + \alpha\mathcal{L}_c - \beta\mathcal{L}_d)$$

其中，α 和 β 是超参，用于控制语义结构在 SENSE 模型中的影响程度。模型训练过程中，如果被预测的词 w 在知识库中存在语义结构，则 $\mathcal{L}_c$ 和 $\mathcal{L}_d$ 被激活。我们使用梯度下降的方式对模型进行优化。由于 SENSE 模型在上下文信息预测时使用了随机负采样的方法，与 Word2Vec 方法相似，是一种低复杂度的神经网络语言模型，因此可以保障模型的训练效率。

6.4 实验

为验证 SENSE 模型的有效性，我们在两类实验中对 SENSE 模型及其他对比方法进行了效果评测，包括：

- 语义评测评价模型对词的语义和句法特征的刻画效果，包括词相似度

（Word Similarity，WS）任务和词类比（Word Analogy）任务；

- 任务评测评价模型对实际文本处理任务的支撑效果，包括查询词扩展（Query Expansion）任务和文本分类（Text Classification）任务。

6.4.1 对比方法

在实验中我们将 SENSE 模型与下列两类语义表示方法进行了比较。首先是基于语料的方法，只利用语料的信息训练词向量，我们选取了目前效果最好的三种方法：

（1）CBOW：连续词袋模型（Continuous Bag-of-Words）是 Word2Vec 方法中的一个模型。CBOW 方法是基于神经网络语言模型的词向量学习方法，通过给定的上下文信息最大化预测目标词出现的概率从而对语言模型进行优化。词向量是神经网络中的一类参数，在训练语言模型的过程中被优化。

（2）Skip-gram：该方法是 Word2Vec 方法的另一个模型，是基于神经网络的语言模型，其训练任务是预测上下文词。

（3）GloVe：该方法是基于矩阵分解的词向量学习方法，首先构建词的共现矩阵，然后对全局共现矩阵进行分解学习词的语义向量化表示。

其次是利用知识库的方法。这类方法综合利用语料信息和知识库中的信息，我们选取了如下三种方法：

（1）RCM：该方法利用语义关系约束词向量训练过程。模型采用联合训练的方法，一方面基于 Word2Vec 方法优化上下文信息预测的目标，另一方面利用知识库中的关系对词向量进行约束。约束的目标是使知识库中具有关系的词语义更加相似。

（2）Retrofit：该方法的输入是已经训练好的词向量，然后利用知识库中的关系对预训练的词向量进行修正。该方法不关注如何训练词向量，只利用知识库中的语义关系对训练好的向量空间开展进一步优化。

（3）Jointreps：该方法是一种语料和知识库联合训练的方法。它基于 GloVe 方法统计上下文共现矩阵，同时利用知识库中的关系，联合训练词向量。

在实验中，将 SENSE 模型和上述六种对比方法的向量维度都设置为 300，上下文窗口大小设置为 5，使用负采样方法对模型进行优化，对每组词选择 5 个负样例。

6.4.2 参数设置

在实验中，我们使用 WordNet3.0 作为知识库。在构建语义结构的过程中，我们使用词间的上下文关系（Hypernym-Hyponym）作为词间的连接关系。在 WordNet 中，只有动词和名词具备上下位关系信息，因此我们抽取 WordNet 中的动词和名词用于构建语义结构的知识库G，包括 66765 个动词和 7440 个名词。

在 SENSE 模型中包含α和β两个参数，他们分别控制了语义结构在联合训练模型中的重要程度。我们分别对α和β进行调参。我们使用词相似度的实验作为调参效果的评价标准。如图 6.3 所示，当$\alpha = 0.002$和$\beta = 0.8$时，SENSE 模型取得了最好的结果。在实验中，SENSE 模型的参数设置范围为：$\alpha \in (0.001, 0,003)$，$\beta \in (0.7, 0.9)$。

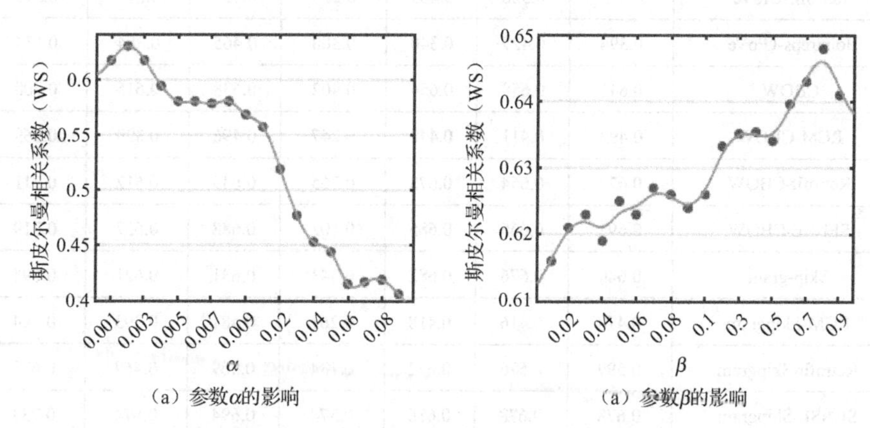

图 6.3 SENSE 模型的参数α和β的效果

（y轴表示词相似度（WS）任务中的斯皮尔曼相关系数）

6.4.3 任务 I：词相似度测量

词相似任务通常用于评价词向量的语义表示能力。通常数据集中包含多个词对，每个词对标注了人为打分，相似的词对打分高，不相似的词对打分低。在不同的模型中通过使用余弦相似度计算每个词对的相似度，作为模型对该词对的打分，然后计算人为打分和模型打分之间的皮尔逊相关系数，作为评价标准。

在实验中我们使用了 7 个常用的词相似度测量数据集，包括：MC（30 个词对）；MEN（3000 个词对）；RG（65 个词对）；VERB（143 个动词词对）；WS（353 个词对），及其相似度评测子集 WS-sim 和相关度评测子集 WS-rel。

在实验中，我们使用 Wikipedia 语料训练词向量，该语料的词表中共包含 71291 个词。表 6.1 列出了整体性能比较，表中的数据是回答正确的问题在所有问题中的占比。

表 6.1 SENSE 模型及其对比方法在词相似度任务中的整体评测效果

方　法	MC	MEN	RG	VERB	WS	WS-rel	WS-sim
GloVe	0.459	0.506	0.374	0.293	0.509	0.546	0.538
Retrofit-GloVe	0.566	0.526	0.469	0.225	0.539	0.517	0.599
Jointreps-GloVe	0.394	0.429	0.340	0.308	0.465	0.384	0.534
CBOW	0.641	0.658	0.654	0.402	0.638	0.615	0.708
RCM-CBOW	0.492	0.411	0.448	0.247	0.496	0.399	0.569
Retrofit-CBOW	0.677	0.654	0.673	0.365	0.639	0.612	0.711
SENSE-CBOW	0.692	0.665	0.685	0.402	0.688	0.657	0.719
Skip-gram	0.640	0.676	0.682	0.343	0.631	0.621	0.695
RCM-Skipgram	0.478	0.416	0.418	0.261	0.481	0.393	0.544
Retrofit-Skipgram	0.599	0.576	0.622	0.134	0.569	0.467	0.637
SENSE-Skipgram	0.678	0.678	0.686	0.374	0.694	0.674	0.733

从表中我们观察到：

- 在表中的 7 个词相似度测量数据集上 SENSE 模型都取得了最好的效果。尤其是在 MC、RG、WS、WS-rel 和 WS-sim 数据集上，SENSE 模型取得了显著的效果提升。这些效果数据说明了本书提出的 SENSE 模型可以更好地表示词间的相似性，说明 SENSE 模型可以利用高效、稳定的语义结构信息，并且能够通过概念聚合与词分散的方法将结构信息在向量空间中表示出来。
- RCM 和 Jointreps 都是利用知识库的方法。但是 RCM-CBOW 方法的效果比其基础方法 CBOW 要差。这说明虽然外部的知识库可以提升语义表示的质量，但是对知识库的不同利用会导致不同的效果。相比于其他的利用知识库的方法（如 Retrofit、RCM、Jointreps），SENSE 模型取得了更好的效果，说明利用语义结构的方法比利用词对关系的方法更有效。

6.4.4 任务 II：词类比推理

为了验证 SENSE 模型在语义推导方面的效果，我们使用词类比任务对不同的模型进行评价。在词类比任务中，每个词对 (w_1, w_2) 的关系可以使用线性向量计算进行表示。例如 $\boldsymbol{r} = \boldsymbol{w}_1 - \boldsymbol{w}_2$，其中 $\boldsymbol{w}_1$ 和 $\boldsymbol{w}_2$ 是词的向量表示，$\boldsymbol{r}$ 是它们之间的关系向量。具有类比关系的两个词对在向量空间中应该具备相似的关系。例如（男人，女人）与（国王，王后）在向量空间中应满足 $\boldsymbol{w}_{男人} - \boldsymbol{w}_{女人} \approx \boldsymbol{w}_{国王} - \boldsymbol{w}_{王后}$。

在词类比数据集中，每个问题先给定三个词 w_1, w_2, w_3，需要利用语义表示模型求解第四个词 w_4，使其满足“w_1、w_2 的关系与 w_3、w_4 的关系相似”。在向量空间中需要选择最满足如下公式的词来回答这个问题：

$$\boldsymbol{w}^* = \operatorname{argmax} \cos(\boldsymbol{w}_1, \boldsymbol{w}_2) - \cos(\boldsymbol{w}, \boldsymbol{w}_1) + \cos(\boldsymbol{w}, \boldsymbol{w}_3)$$

其中，$\cos(\cdot,\cdot)$ 是词向量之间的余弦相似度。最优的向量 $\boldsymbol{w}^*$ 对应的词 w 可用于回答这个问题。本实验使用 Mikolov 等人提出的词类比数据集进行评价，包含 19544 个类比问题。这些类比问题被分为两个类别：

（1）语义子集。该集合包含了五类的类比关系，包括人物、地点等。例如，America 与 New York 的关系类比于 Australia 与_？

（2）句法子集。该集合包含了九类的类比关系，包括动词时态、形容词形式等。例如，good 与 better 的关系类比于 bad 与_？

不同方法在词类比数据集上的对比效果见表 6.2，表中数据为回答正确的问题占所有问题的百分比。从表中可以观察到，SENSE 方法在所有的数据集上都取得了更好的实验效果，SENSE-CBOW 和 SENSE-Skipgram 方法显著优于其基础方法 CBOW 和 Skip-gram，以及其他利用知识库的方法如 RCM、Retrofit 等。这些现象说明通过概念聚合和词发散的原则建模语义结构，将知识库中的语义结构嵌入到向量空间中，可以有效地提升语义表示的质量，验证了 SENSE 方法的有效性。同时，可以看到，利用知识库和语料的方法如 RCM、Retrifit、Jointreps 和 SENSE，比仅利用语料的方法如 CBOW、Skip-gram 和 GloVe 的实验效果更好。这主要是因为知识库中提供了更多的高质量语义关系，这些信息与文本信息互补，可以进一步提升语义表示的质量。GloVe 方法的效果比其他同类对比方法更好，说明与局部共现信息相比全局统计信息在语义推断方面更加准确、有效。SENSE 方法比 GloVe 方法有明显的效果提升，表明 SENSE 方法具有更好的通用性和有效性。这也意味着语义结构可以从全局的角度捕捉词的潜在关系，比词对之间的关系更可靠、更稳定。

表 6.2 SENSE 及其对比方法在词类比任务中的整体评测效果（%）

方　法	语义子集	句法子集	总体表现
GloVe	63.5	33.3	56.8
Retrofit-GloVe	45.3	24.1	42.2
Jointreps	11.5	6.9	8.8
CBOW	48.2	41.6	48.7
RCM-CBOW	21.9	11.5	15.1
Retrofit-CBOW	36.5	38.5	39.1
SENSE-CBOW	49.9	42.2	49.9
Skip-gram	62.4	33.6	56

续表

方　法	语义子集	句法子集	总体表现
RCM-Skipgram	21.8	10.9	14.7
Retrofit-Skipgram	34.9	25.4	35.6
SENSE-Skipgram	63.9	33.8	57.2

6.4.5 任务 III：文本分类

我们使用文本分类任务评测 SENSE 方法支持实际自然语言处理任务的效果。除了上述的 GloVe、Retrofit、Word2Vec 方法以外，本节使用的对比方法还包括：

（1）BOW。该方法将每个文档看作“词袋”。我们使用 TFIDF 方法作为每个词的权重，权重最高的 50000 个词用于表示文档特征。

（2）LDA。LDA（Latent Dirichlet Allocation）是一种概率主题模型方法，将文档集中，每篇文档的主题按照概率分布的形式进行表示，在实验中我们设置主题数为 80。

（3）TWE。TWE（Topical Word Embedding）是一种利用主题信息增强语义向量化表示的方法。该方法以 Skip-gram 为基础模型，利用 LDA 模型挖掘词的主题信息，然后将主题特征嵌入到向量空间中。

（4）PV。PV（Paragraph Vector）是一种基于非监督预测模型的文档表示方法，主要包括两个模型：PV-DM（Distributed Memory Model）和 PV-DBOW（Distributed Bag-of-Words Model），是常用的文档级别的语义表示方法。

在实验中我们使用 20NewsGroup 数据集的 bydate 版本。该数据集共包括来自 20 个不同类别的 18846 个文档。其中 11314 个文档被用于做训练集训练分类器，剩余的 7532 个文档用于测试集。我们将所有的文档进行合并作为训练词向量的语料，通过 Stanford Tokenizer 工具进行词根化处理，然后移除停用词并将每个词都转化为小写。最终语料大小是 30.4M，其中共包含 6.3M 的词。

通过计算文档所有词的平均向量作为每个文档的向量表示。我们使用文档向量作为文档的特征表示，利用 Liblinear 训练一个分类器。该分类器用于预测测试集合中每个文档的类别标签，将测试结果的准确度（Accuracy）、精度（Precision）、召回率（Recall）和 F1 值作为评价标准。在文本分类任务上不同语义表示方法的整体评测效果见表 6.3。

表 6.3 SENSE 及其对比方法在文本分类任务中的整体评测效果（%）

方法	准确度	精度	召回率	F1
LDA	72.2	70.8	70.7	70.0
BOW	79.7	79.5	79.0	79.0
PV-DM	72.4	72.1	71.5	71.5
PV-DBOW	75.4	74.9	74.3	74.3
TWE	71.7	70.9	70.4	69.7
GloVe	62.3	61.2	61.1	60.5
CBOW	78.1	77.4	77.1	77.0
Skip-gram	80.2	79.6	79.1	79.0
Retrofit-CBOW	75.6	75.9	73.5	72.1
Retrofit-Skipgram	77.4	77.9	75.5	74.3
SENSE-CBOW	81.4	80.8	80.3	80.2
SENSE-Skipgram	81.7	81.2	80.6	80.6

从表中我们可以观察到：

（1）在实验中 SENSE-Skipgram 模型取得了最好的效果，这表明我们提出的 SENSE 方法可以更好地刻画文本的语义信息，并可以有效地提升文本分类任务的效果。

（2）我们将 SENSE 模型与其基础模型进行对比，实验结果显示 SENSE-CBOW 和 SENSE-Skipgram 方法都可以显著提升相应的基准方法的效果。例如 SENSE-CBOW 方法比其基准方法 CBOW 方法准确度提升了 3.3(%)。这些现象说明 SENSE 模型可以有效地对知识进行建模并嵌入到词向量空间中。

（3）对比 Retrofit 方法 Retrofit-CBOW、Retrofit-Skipgram 和其基础模型，Retrofit 方法并没有超过其基准方法，说明利用知识库的方式无法有效地提升文本分类任务的效果。本章提出的 SENSE 方法在众多任务中持续超过其基础方法，说明 SENSE 方法利用知识库中的语义结构关系，是一种稳定、可信赖的知识，可以有效提升文本分类任务的效果。

6.4.6　任务 IV：查询词扩展

本节中我们使用查询词扩展任务对 SENSE 方法及其对比方法进行评测。查询词扩展任务主要是从词典中选出与查询词相关的词用于扩展原始的查询词，从而在信息检索系统中更好地体现用户的查询需求，并返回更好的查询结果。我们使用 Reuters Corpus Volume 1（RCV1）数据集进行实验。该数据集共包含 50 个集合，每个集合都包含训练集合与测试集合，共有 806791 个文档。所有文档的文本信息均被合并，并经过词根化、移除停用词和转为小写的处理，生成用于训练词向量的语料。最终语料共包含 16M 的词。具体的查询词扩展任务的实施步骤如下：

- 首先，针对集合中的词，计算每个词在所有文档中的 BM25 打分，得分最高的 10 个词作为该集合的初始化查询词；
- 对每个查询词 q，我们在词向量空间中根据余弦相似度选择与其最相近的 5 个词，作为扩展词；
- 每一个扩展词 w 的权重设置为 $w(q)*\cos(\boldsymbol{q},\boldsymbol{w})$，其中 $w(q)$ 是其原始查询词的 BM25 打分，$\cos(\boldsymbol{q},\boldsymbol{w})$ 是原始查询词和扩展词之间的余弦相似度。

最终，我们建立了一个扩展查询集合，包含原始查询词和扩展查询词，每个扩展查询词都有一个打分。在评价过程中，我们使用信息检索中的四个标准作为评价标准：前 10 个文档的平均精度（P@10），前 20 个文档的平均精度（P@20），全类平均精度（MAP）和 F1 值。在查询词扩展任务上不同方法的整体评测效果见表 6.4。

表 6.4　SENSE 及其对比方法在查询词扩展任务中的整体评测效果（%）

方　法	P@10	P@20	MAP	F1
BM25	44.6	44.1	40.8	41.5
TWE	55.4	49.5	44.2	43.5
GloVe	56.4	50.0	44.3	43.7
CBOW	56.4	49.1	44.3	43.8
Skip-gram	55.6	50.0	44.8	43.9
Jointreps	55.6	51.5	44.2	43.5
Retrofit-CBOW	57.6	50.8	44.3	43.6
Retrofit-Skipgram	56.6	50.4	44.8	43.8
SENSE-CBOW	58.4	51.9	45.1	44.2
SENSE-Skipgram	58.2	50.6	45.0	44.1

从表中我们可以观察到：

（1）与传统的信息检索方法 BM25 相比，利用查询词扩展的方法均取得了更好的效果，这说明了基于词向量的方法对原始查询词进行扩展可以更好地提升信息检索的效果。

（2）与基于语料的方法相比（例如 GloVe 和 TWE 方法）SENSE 方法取得了显著的效果提升。这些观察说明了，语义结构可以比与全局共现信息、主题信息更加有效地刻画词的语义特征。

（3）SENSE-CBOW 方法取得了最优的效果，并且 SENSE-CBOW 方法可以比其对应的基准方法 CBOW 效果更好。而其他的利用知识库的方法（例如 Jointreps 和 Retrofit-CBOW）只比他们对应的基准方法（CBOW）取得了微弱的效果提升。这些现象说明了用 SENSE 方法刻画语义结构的方式可以更好地利用知识库中的知识。

6.5　本章小结

在本章中我们综合利用知识库和文本信息，提出了一种新颖的基于语义结构的表示模型，设计联合训练模型融合语料中的非结构化信息和知识库中的结构化语义知识。本章区别于传统的知识库利用方法，对知识库中稳定的、可信的语义结构信息进行建模。在嵌入到向量空间的过程中，我们设计概念聚合假设和词分散假设，认为概念与其包含的所有词的中心距离相近，同个概念下的词也应彼此远离，从而体现不同的属性。实验表明，对语义结构进行建模比仅仅对词对间的关系进行建模效果更好、更稳定。在语义评测、任务评测的多项实验中证明了我们所提出的模型的有效性。

第7章

文本分类中任务导向的语义表示方法

7.1 引言

目前，大部分的语义表示方法都从语料和知识库等资源中挖掘词的语义特征，如上下文信息、语义关系等，然后将这些特征映射到向量空间，表示成计算机能处理的低维度实数向量。尽管这些方法在众多自然语言处理任务中取得了出色的效果，但是只刻画了词的通用的、基础的语义信息，没有刻画词在具体任务中的特征。在自然语言处理任务中，与具体任务相关的属性对任务效果起到了重要的作用。例如在文本分类任务中词的类别属性是任务关注的重点，比如，需要区分“球赛”和“电视剧”这两个词，它们分别属于体育和娱乐的类别；在情感分类任务中需要关注词的情感属性，比如，要求语义表示模型能够区分“喜欢”和“讨厌”分别代表正向和负向的情感属性。

但是在通用的语义表示方法中，词的任务特征被忽略了。例如在利用上下文信息的语义表示方法（如 Word2Vec、GloVe 方法等）中，“喜欢”和“讨厌”拥有相似的上下文信息（如我喜欢吃苹果和我讨厌吃苹果），无法据此区分不同的情感属性，影响下游情感分类任务的效果。为了提升实际应用的效果，语义表示方法需要在向量空间引入与词和任务相关的属性，对词的通用特征、任务属性进行综合表示。

为了应对实际自然语言处理任务的需求，本章研究如何学习任务导向的语义表示方法。我们以文本分类任务为例，在向量空间同时刻画语义特性和任务中的特殊属性，并设计了任务导向的词语义表示方法。在文本分类任务中，词的类别属性具有重要的作用。图 7.1 列举了文本分类任务中来自 AI、Sociology、Business 和 Law 等四个类别的句子。图中加粗的词代表类别中的重要词，例如 Educational 是 Sociology 类别的重要词，legal 是 Law 类别的重要词。

Text Classification（文本分类任务）	期待的分布	Word Embeddings（词向量）	实际的分布
AI: a combination of active **learning** and self **learning** for named entity recognition on twitter using conditional random fields	distributional shock equity fund learning neural youth law legal educational judge	**learning**: teaching, **education, educational**, phonics, learner, study, cognition	learning educational distributional legal equity
Sociology: this theory using harmonised mortality data by **educational** level for 22 causes of death and 20 European populations from …	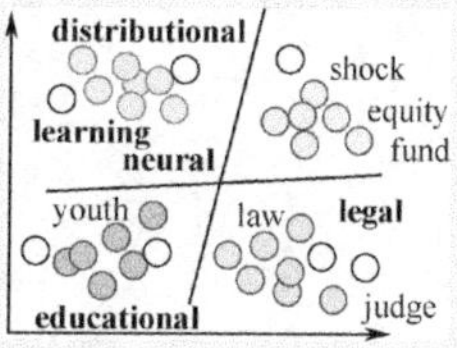	**educational**: education, academic, **learning**, social, institute, school, student, college	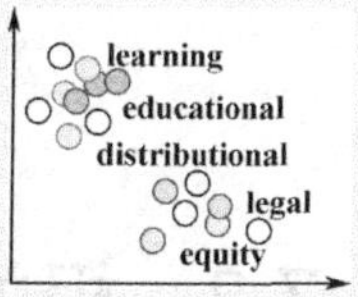
Business: this study measures the brand **equity** of Switzerland and Austria as perceived by Hong Kong Chinese tourists		**legal**: criminal, law, judicial, jurisdictions, **equity**, disbarment, constitutional, litigated	
Law: we assess the relationship between **legal** origin and a range of correlated indicators of social responsibility		**equity**: corporate, firms, corporations, **legal**, arbitration, securities, courts, private	

图 7.1 文本分类任务中的不同类别的句子和每个类别的重要词

为了取得良好的分类效果，在语义表示空间，不同类别的重要词应当具有明显的分类边界，即同类词距离近、异类词距离远。然而在以 Word2Vec 为代表的基于上下文信息生成的向量空间无法刻画重要的词之间的关系。例如，

Learning 和 Educational 分别是 AI 类别和 Sociology 类别的代表性词，应该相互远离。但是它们通常有相似的上下文，在向量空间中非常靠近，难以区分他们的类别属性。为了缓解这一问题，本章提出针对文本分类任务的语义表示方法，强调在向量空间刻画词类别属性的重要性。

我们提出了一种任务导向的语义表示方法（Task-oriented Word Embedding，ToWE）。一方面，ToWE 基于上下文信息预测任务刻画词的通用语义特征。另一方面，ToWE 设计了与文本分类相关的任务和目标函数，在向量空间，约束重要词的分布使不同类别的重要词之间具备清晰的分类边界，并通过调整重要词的分布相应地调整空间中其他词的分布。在语义向量空间，ToWE 可以同时表示词的基础的、通用的语义特征和词的类别特征。在实验中，我们在四个常用的文本分类数据集上验证 ToWE 模型的有效性。实验结果表明，ToWE 在效率和效果上明显优于其他语义表示模型。另外，为了直观地解释任务属性的作用，我们设计了一个“5AbstractsGroup 数据集”，收集了来自五个不同类别的论文的摘要，用于定性和定量地分析 ToWE 的有效性。

7.2 相关工作

分布式语义表示方法被广泛应用在各类文本处理的相关任务中。目前众多研究表明，仅利用通用语义特征的方法无法针对具体任务刻画任务属性，影响下游自然语言处理任务的效果。

信息检索任务需要语义表示方法刻画词之间的相关性。扎马尼（Zamani）和克罗夫特（Croft）指出基于上下文信息的语义表示方法基于分布式假设，拥有相似上下文信息的词在向量空间中有相似的语义表示，刻画的是词的相似性。由于相似性不符合信息检索任务对相关性的需求，因此分布式表示方法在信息检索任务中效果较差。针对这一问题，扎马尼等人设计了基于相关性的语义建模方式，迪亚兹（Diaz）等人针对查询词任务提出使用查询词局部信息训练语义向量空间，相比于利用全局信息训练语义表示空间，这种方法可以更好地支持查询词扩展任务。

在情感分类任务中，Yu 等人提出利用情感词典中的词情感极向信息将词的情感特征嵌入到语义表示空间中，用于支持情感分类任务。Tang 等人针对推特（Twitter）的情感分类任务设计了增强词情感特征的词向量方法，在短文本的情感分类任务中效果良好。Shi 等人一方面考虑了词的情感特征，另一方面考虑了在不同的领域中词的情感倾向不同，基于此学习面向情感分析的语义表示方法。

在反义词检测任务中，穆罕默德（Mohammad）等人在 GRE 数据集上进行实验，与目前效果较好的贝叶斯概率张量分解方法进行对比，发现增强反义词信息的词向量方法在寻找反义词的任务中准确度可以达到 92%，比贝叶斯概率张量分解方法提升了 10%。Li 等人提出了增强反义特征刻画的词向量模型，在向量空间增强反义关系的刻画能力，改善传统方法中反义词具有相似表示的问题。Liu 等人提出在词向量构造方法中利用同义词和反义词关系，使同义词间的向量相似度大于反义词间的向量相似度，提升分布式表示方法判别反义词对的能力。Chen 等人提出使用 WordNet 和 The Saurus 资源的词向量方法，利用词对排序（Pair Wise Ranking）方法构造不同的词对，并设计训练目标使反义词对的距离比无关系词对的距离大、近义词对的距离比无关系词对的距离小。

上述研究表明，自然语言处理领域的不同任务侧重不同的语义特征。常用的语义特征表示方法是从语料、知识库等资源中学习词通用的语义特征，需要增强对任务相关属性的刻画能力才能更好地支持实际任务。本章，提出从实际任务中抽取词任务属性融入向量空间中的思想，针对文本分类任务提出在向量空间维持不同类别词之间清晰的分类边界，用于提升文本分类任务的效果。

7.3 任务导向的语义表示模型

本节将详细介绍任务导向的语义表示方法。给定一个无标注的语料 C 和具有标注信息的、包含 g 个类别文档的训练集 D，$D=\{D_1,D_2,\cdots,D_g\}$，ToWE 方法的目标是将词表 V 中的每个词表示为一个实数向量。ToWE 模型包括两个部分，即语义信息表示部分和任务属性表示部分。其中，语义信息表示部分是在语料 C 中通过上下文预测进行建模；任务属性表示部分是根据 D 中特定任务特性对词特征进行刻画。

7.3.1 语义特征表示

在通用语义表示方面，我们利用语料的上下文信息表示词语义特征。ToWE 基于 Word2Vec 方法通过上下文信息预测任务进行训练。我们在语料 C 上设置一个滑动窗口，在每个窗口中选择中心词作为目标词，其余词作为上下文词。在 Word2Vec 方法中，CBOW 模型利用上下文词预测目标词，Skip-gram 模型利用目标词预测上下文词。为了方便表示，我们将上述两种上下文预测任务的目标函数统一记作：

$$\mathcal{L}_{\text{context}}=\Pr(w|\boldsymbol{c})=\frac{\exp(\boldsymbol{x}_w\cdot\boldsymbol{c})}{\sum_{w'\in V}\exp(\boldsymbol{x}_{w'}\cdot\boldsymbol{c})}$$

其中，在 CBOW 模型中 w 是目标词；$\boldsymbol{c}$ 是上下文词向量；在 Skip-gram 模型中，w 代表每个上下文词，$\boldsymbol{c}$ 代表要预测的目标词的向量。

7.3.2 任务特征表示

在文本分类任务中，词的任务特征体现在能否区分不同类别。在任务特征表示模块，首先从具有类别标注的训练集D中选择能代表不同类别的重要词。我们将属于第k类的文档集合表示为D_k，能代表该类别的重要词需要满足如下两个原则：

- 词w在该类别出现的频率远远高于其他类别，即在D_k中具有较高的词频；
- 词w在其他类别中是一个普通词，即在其他类别中出现的频率低且方差小。

基于这两个原则，我们设计了词w对第k类文档的重要程度的计算方法：

$$\text{Score}(w,k)=\frac{t_k-\frac{1}{g}\sum_{1\leqslant i\leqslant g}t_i}{\text{var}(T_{-k}(w))}$$

其中，t_i是词w在第i类文档中的词频；$\text{var}(\cdot)$是w在$T_k(w)$中词频的方差；$T_{-k}(w)$是其他类别（除第k类外）中词w的分布，即

$$T_{-k}(w)=\{t_j|i\leqslant j\leqslant g, j\neq k\}$$

根据词在不同类别的重要程度打分，我们用每个类别中打分最高的N个词组成重要词集合，记作$S_k=\{w_j\,|1\leqslant j\leqslant N\},k\in[1,g]$。对于分类任务，重要词$S=\{S_1,S_2,\cdots,S_g\}$具备区分不同类别文档的能力。

然后，ToWE约束不同类别的重要词在向量空间中的分布，实现对词类别属性的建模。训练目标是刻画不同类别重要词之间的分类边界，即同类别词距离近、不同类别词距离远。通过约束重要词之间的关系相应地调整向量空间的词分布。在训练过程中，如果上下文预测任务中的被预测词w是分类任务中的重要词，则任务特征表示模块被激活。我们采用随机采样的方法选择w的同类、异类的词。我们构建样本集合$P(w)$，共包含n个词对。每个词对包含两个样例，正样例u与w来自同一类别，负样例v与w来自不同类别。我们使用基于边界差距的原则（Margin-Based Ranking Criterion）设置目标函数：

$$\mathcal{L}_{\text{function}} = \text{argmax} \sum_{<u,v>\in P(w)}^{n} [\gamma + s(\boldsymbol{w},\boldsymbol{u}) - s(\boldsymbol{w},\boldsymbol{v})]$$

其中，γ 是边界超参；n 是样本集合 $P(w)$ 的大小；$\boldsymbol{w}$、$\boldsymbol{u}$、$\boldsymbol{v}$ 是词 w、u、v 的向量表示；$s(\cdot,\cdot)$ 是相似度测量函数，我们使用余弦相似度函数。该目标函数约束正样例词对的相似度要高于负样例词对的相似度，从而实现同类词相近、异类词相远。

7.3.3 联合表示模型及优化

ToWE使用一个联合表示模型对语义特征表示和任务特征表示进行联合训练，目标函数为：

$$\mathcal{L} = \text{argmax}\lambda\mathcal{L}_{\text{context}} + (1-\lambda)\mathcal{L}_{\text{function}}$$

其中，λ 是结合参数，用于控制不同任务的贡献程度。我们使用梯度下降的方法对模型进行优化，$\mathcal{L}_{\text{context}}$ 使用负采样方法降低运算复杂度，当被预测的词属于重要词时，$\mathcal{L}_{\text{function}}$ 的优化被激活。

7.4 实验

为验证 ToWE 的有效性，我们选择不同的文本分类任务数据集评测 ToWE 及其不同对比方法的效果。本节将分别对数据集、对比方法、实验参数设置和整体评测效果进行介绍。

7.4.1 数据集

我们使用下列五个文本分类数据集对不同的语义表示方法进行综合评测。五个文本分类数据集的统计信息见表 7.1。

表 7.1　五个文本分类数据集的统计信息

数据集	文本类型	训练集包含数据条数	测试集包含数据条数	类别数	每条文本平均长度	词表大小	语料字数
20NewsGroup	文档	11314	7532	20	315	179092	6555230
5AbstractsGroup	文档	2500	3756	5	223	38103	1203022
IMDB	文档	25000	25000	2	126	170543	6141136
MR	句子	32361	32359	2	21	47568	974626
SST	句子	5928	5927	2	12	19362	152474

（1）20NewsGroup 是用于文本分类的大规模数据集，包括来自 20 个不同主题的新闻文档，其中部分主题特别相似。我们使用 bydate 版本，不包含重复文档和新闻组名（新闻组，路径，隶属于，日期）。数据集中共有 18846 个文档，每个文档包括多个句子。该数据集按时间顺序分为训练集（占 60%）和测试集（占 40%）两部分。其中，训练集包括 11314 个文档，测试集包括 7532 个文档。

（2）5AbstractsGroup 是我们首先从 *Web of Science* 网站中选择五个不同研究领域（包含经济、人工智能、社会学、交通运输、法律），然后随机选取不同领域的论文并抽取其摘要而构建的数据集。每条数据包括题目和摘要两部分，包含多个句子。该数据集共包含 6256 个文档。在每个类别中，我们随机选择 2500 个文档组成了训练集，其他的文档组成了测试集。

（3）IMDB 数据集是常用的情感分类数据集。该数据集对电影评论进行情感分类，共包含 50000 条电影评论。其中，25000 条作为训练集，25000 条作为测试集。数据标签分为正向和负向，每条数据包含多个句子。

（4）MR 数据集是由从 *Rotten Tomato* 网站中抓取的电影评论构造而成的数据集。该数据集的任务也是对情感信息进行二分类。数据集被几乎平均地拆分为训练集和测试集。每条评论仅包含一个句子。

（5）SST 数据集是从 *Stanford Sentiment Treebank* 中收集的评论数据。每条评论仅包含一个句子，是二分类的情感分类任务。我们将数据集接近平均地拆分为训练集和测试集。

7.4.2 对比方法

为综合评价 ToWE，我们使用如下五种方法作为对比方法：

（1）BOW（Bag-of-Words 词袋模型）是传统的文本分类任务方法。该方法将文档看作“一袋子的词”，其中每个词的权重使用 TFIDF 进行计算。我们使用每个文档的前 2000 个词用于表示该文档的特征。

（2）Word2Vec 是基于神经网络的语义表示方法，是 ToWE 的基础方法。该方法仅利用语料中的上下文信息刻画词的语义特征，方法包含两个模型：CBOW 利用上下文预测目标词，Skip-gram 利用目标词预测上下文。

（3）TWE（Topical Word Embedding）是利用主题信息进行语义表示的方法。该方法的基础模型是 Skip-gram，利用 LDA 方法挖掘词的主题信息，在训练过程中，同时刻画词的上下文信息和主题信息，学习语义的向量化表示。

（4）Retrofit 是利用知识库改进的语义向量化表示方法。该方法利用 WordNet 中的语义关系对向量空间进行调整，约束具有语义关系的词使其具有相似的语义表示，进而调整词在向量空间中的分布，提升语义表示效果。

（5）GloVe 是基于全局共现信息的矩阵分解的词向量表示方法，通过融入全局的先验统计信息，提升语义表示的质量。

7.4.3 实验参数设置

在实验过程中，我们将分类任务的文档进行合并作为训练语料。我们使用 Stanford Tokenizer 工具将语料转化为小写，并且去除停用词。不同方法的向量维度都被设置为 300，滑动窗口大小设置为 5，负采样数量设置为 25。

ToWE 模型包含两个参数，分别是结合参数 λ 和 $P(w)$ 的采样个数 n。在参数设置方面，我们在 20NewsGroup 数据集上进行调参，结果如图 7.2 所示。我们观察到，在 ToWE-CBOW 模型和 ToWE-SG 模型中分别取 $\lambda = 0.4$ 和 $\lambda = 0.3$ 时可获得最好的实验效果。我们将参数 n 在 50～300 的范围中调参，当 $n=150$ 时，ToWE-CBOW 模型和 ToWE-SG 模型都可取得最好的效果。在实验中，我们将 n 设置为 150。在应用 ToWE 模型的过程中，我们推荐的参数设置是 $\lambda\in(0.3,0.4)$，$n\in(100,150)$。

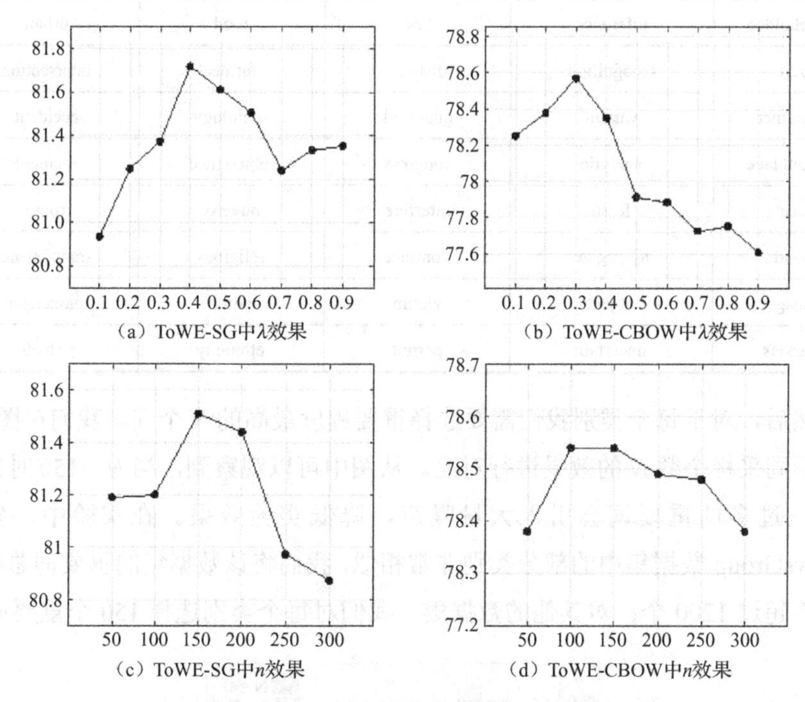

（a）ToWE-SG中λ效果　（b）ToWE-CBOW中λ效果

（c）ToWE-SG中n效果　（d）ToWE-CBOW中n效果

图 7.2　ToWE 方法中参数 λ 和 n 的效果

ToWE 需要从训练数据 D 中筛选出具有类别信息的重要词。我们对重要词的选取进行分析。实验以 5AbstractsGroup 数据集为例。首先，在表 7.2 中展示了 5AbstractsGroup 数据集中每个类别的重要词的示例。例如，对于 AI 类，其重要词包括 learn、inference 等与模型学习相关的词；对于 Sociology 类，其重要词包括 educational、ethnicity 等与社会学相关的词；对于 Transport 类，其重要词包括 driver、route 等与运输相关的词。这些观察说明了 ToWE 方法设计的重要词提取方法的有效性。

表 7.2　文本分类中不同类别重要词示例

Business	AI	Law	Sociology	Transport
employee	distributional	jurisdiction	educational	driver
entrepreneur	predefine	interpreted	sport	departure
stakeholder	inference	law	food	urban
trait	recognition	dispute	farmer	intersection
consumer	variant	qualified	sociology	accident
marketplace	analytic	congress	experience	incident
asset	learn	interfere	poverty	route
bond	aggregate	contract	religious	transferring
manager	object	victim	youth	passenger
markets	uncertain	permit	ethnicity	vehicle

然后，对于每个类别我们需要选择重要程度最高的 N 个词。我们在图 7.3 中对不同采样个数 N 的效果进行对比。从图中可以观察到，当 $N=150$ 时效果最好，过多的重要词会引入大量噪声，降低实验效果。在实验中，鉴于 20NewsGroup 数据集中的部分类别非常相似，我们将该数据集的重要词总数设置为不超过 1200 个；对其他的数据集，我们对每个类别选择 150 个重要词。

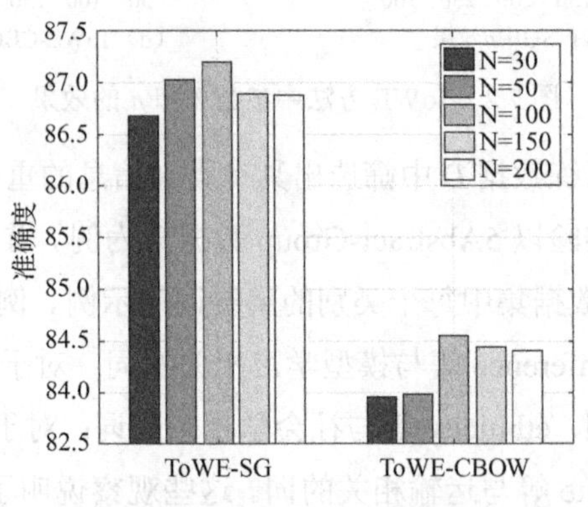

图 7.3　不同采样个数 N 的效果对比

7.4.4　整体评测效果

为验证 ToWE 模型的有效性，我们分别使用 SVM 分类器和神经网络分类器 CNN 对不同的语义表示方法进行评测。我们对多分类任务使用四类评价指标，包括准确度（Acc.）、精度（Prec.）、召回率（Rec.）和 F1，对于二分类任务我们使用准确度（Acc.）进行评价。首先，在使用 SVM 分类器时，我们将每个文档的特征表示为文档包含的所有词的向量平均值。ToWE 模型与其他对比方法在使用 CNN 分类器时的效果对比见表 7.3。从表中我们可以观测到，在所有的数据集上，ToWE 模型都取得了更好的效果，验证了该方法在文本分类任务上的有效性。ToWE 比词袋方法效果更好，主要因为词袋方法是独热表示方法，无法刻画词的语义信息。ToWE 比其他的分布式表示方法效果更好，说明将词的类别信息融入语义向量空间，可以有效地提升下游文本分类任务的效果。

表 7.3　ToWE 模型与其他对比方法在使用 CNN 分类器时的效果对比（%）

方　法	20NewsGroup				5AbstractsGroup				IMDB	MR	SST
	Acc.	Prec.	Rec.	F1	Acc.	Prec.	Rec.	F1	Acc.	Acc.	Acc.
BOW	73.6	73.6	72.8	73.0	77.1	76.6	77.2	76.5	85.3	59.3	73.4
GloVe	62.3	61.2	61.1	60.5	79.6	78.4	79.4	79.4	87.4	58.7	75.5
CBOW	74.5	73.6	73.5	73.4	79.4	78.6	78.8	78.8	87.1	61.8	77.9
SG	76.7	75.9	75.6	75.4	85.2	84.0	85.0	84.4	89.1	63.5	77.3
TWE	81.5	81.2	80.6	80.6	81.5	80.5	81.2	80.7	87.1	56.0	76.9
Retrofit-CBOW	75.6	75.9	73.5	72.1	78.2	77.4	77.6	77.3	86.6	61.9	78.0
Retrofit-SG	77.4	77.9	75.5	74.3	83.3	82.3	83.0	82.6	88.8	63.7	77.9
ToWE-CBOW	80.9	80.2	79.9	79.9	84.7	84.0	84.4	84.4	90.1	64.5	78.8
ToWE-SG	86.0	85.5	85.0	85.0	87.2	86.2	87.1	87.1	90.8	65.1	78.4

ToWE 模型的性能显著优于其基础模型。例如在多分类数据集（如 20NewsGroup）中，ToWE-SG 方法的效果比其基础模型 SG 分别高 9.3（%）、9.6（%）、9.4（%）、9.6（%）；在二分类数据集 MR 中，ToWE-CBOW 方法的效果比其基础模型 CBOW 提升了 2.7（%）。这些观察说明了 ToWE 模型可以有效地将重要词类别属性和词的上下文信息融合，也验证了词的类别信息对提升文本分类任务有重要的作用。在对比方法中，GloVe、CBOW 和 SG 仅考虑了上下文信息，而 TWE 和 ToWE 综合利用了上下文信息和其他信息，如主题

信息、任务属性。从表中我们观测到，在多分类数据集中，TWE 和 ToWE 的性能更好，说明仅仅使用上下文信息难以学习高质量的词语义向量化表示。在句子层级的二分类任务（如 MR 和 SST 数据集）中，TWE 的效果很差，主要原因是主题信息在短文本上不够准确。而我们提出的 ToWE 模型无论是在多分类数据集的长文本数据上，还是在二分类数据集的短文本数据上，都取得了更好的效果。这些观察说明了我们方法的有效性和稳定性。

Retrofit 方法是基于知识库的语义表示方法。ToWE 的效果比 Retrofit 更好。这主要是因为 Retrofit 知识库中是普适的语义知识，没有考虑具体任务和具体语境的特点。ToWE 从特定任务和特定数据集出发，直接对分类任务中词的类别属性进行建模，并映射到词向量空间中，因此取得了更好的效果。这些观察说明与任务相关的类别信息比知识库中普适的类别信息更加有效，验证了将词在具体任务中的特征进行表示的重要性。

ToWE 在多分类任务中的效果提升比在二分类中更为显著，例如 ToWE 在 20NewsGroup 数据集中比其基础方法的效果平均提升了 7.97（%）。主要原因是实验使用的文本数据丰富多样，利于学习好的分类边界。另外，在多分类任务中，ToWE 方法学习多个类别的分类边界会更加稳定、可靠，能降低噪声的影响。因此 ToWE 方法在多分类任务中更加有效。

然后，利用 CNN 分类器，对不同的语义表示方法进行评测。我们使用包含 100 个大小为 5 的过滤器的 CNN 分类模型，在训练集中进行学习，并在测试集中进行评价。重复 10 次试验并使用准确率的平均值作为比较标准。通过表 7.3 可以看到不同的分布式语义表示方法在五个数据集上的整体评测效果。从表中我们可以观测到：

（1）在基于神经网络的分类器中，ToWE 明显优于其他方法，说明了将重要词的类别特征嵌入到向量空间，可以有效提升文本分类任务的效果。

（2）ToWE 比 GloVe 方法和 TWE 方法效果更好。这表明在文本分类任务上，词的类别属性比全局统计信息和主题信息更加有效。

（3）ToWE 与 Retrofit 方法的基础模型都是 Word2Vec 方法。其中，Retrofit

方法使用的是知识库中的语义关系，而 ToWE 使用的是具体任务中的词的类别属性。在实验中 ToWE 取得了更好的效果，说明与任务相关的属性比普适的语义关系在提升任务效果上更加有效。

7.5 实例分析

为了定性地分析 ToWE 方法的效果，我们选取了 5AbstractsGroup 数据集中不同类别的几个显著性词，对比他们在 ToWE-SG 和 SG 向量空间中最相近的 10 个词，见表 7.4。

文本分类任务中不同类别的重要词之间应当具有明显的分类边界，即同类别词相近、不同类别词相远。如表 7.4 所示，ToWE-SG 方法选择的相似词属于同一类别，而 SG 方法选择的相似词来自不同类别。例如 ToWE-SG 方法中选择的与 manager 最相似的词都属于 Business 类别，包括 stakeholder、investors、marketing 等，而 SG 方法中选择了多个与 Business 类别无关的词，如 help、create 等。这主要的原因是 SG 方法仅仅利用上下文信息无法捕获词的类别信息，不同类别的词因拥有相似的上下文也会被认为是相似的词。而我们的方法增加了任务特征模块，通过在训练集中抽取不同类别的特征词，约束词间的相对位置关系，将词的任务特征在向量空间表示。例如在 AI 类别中，layer 的相近词包括 recurrent、learning、algorithms 等，都是同一类别具有强语义关联的词。这些观察说明了 ToWE 模型的任务属性刻画模块的有效性。

表 7.4　ToWE-SG 和 SG 向量空间中最相近词对比

manager(Business)		layer (AI)		congress (Law)		poverty(Sociology)		accident (Transport)	
ToWE-SG	SG	ToWE-SG	SG	ToWE-SG	SG	ToWE-SG	SG	ToWE-SG	SG
managerial	innovate	appearance	form	federal	chapter	deprivations	urbanization	accidents	crash
extant	pursuing	recurrent	forgetting	permit	authorized	belonging	projections	drivers	severity

续表

manager(Business)		layer (AI)		congress (Law)		poverty(Sociology)		accident (Transport)	
ToWE-SG	SG	ToWE-SG	SG	ToWE-SG	SG	ToWE-SG	SG	ToWE-SG	SG
executives	incentives	architecture	symbolic	administrative	secrecy	homeless	urbanization	severity	injury
stakeholder	subfield	automatic	space	enforcement	prohibiting	inequality	auto	red	rtc
investors	accord	collecting	encoding	earned	bureaucrats	affordability	commuting	mobility	crashes
bond	strategically	cognitive	involves	regulating	dockets	malnutrition	deforestation	road	fatal
moderates	helps	proposed	structures	exception	wrongful	adulthood	anthropogenic	elasticity	rollover
innovation	strategic	learning	polarization	submitted	defense	ethnicity	co-benefits	safety	single-vehicle
marketing	tailor	algorithms	activation	regulate	hear	religious	modal	estimated	taz
asymmetry	create	neural	discontinuous	defense	he	discursive	ownership	delay	crash-related

更进一步，我们比较了这两种语义表示方法判断文本类别的能力。对每个类别，我们训练一个基于 SVM 的分类模型，用于判断 Abstracts Group 数据集中的每个文本是否属于该类别。如图 7.4 所示，ToWE-SG 在几乎所有这些类别中的性能都优于 SG，表明在每一个类别中，通过约束重要词的分布也可以辅助调整整个空间的词分布，学习更好的语义特征表示。因此学习的分类器可以更好地区分文档是否属于某个类别，因此提升整个分类任务的效果。

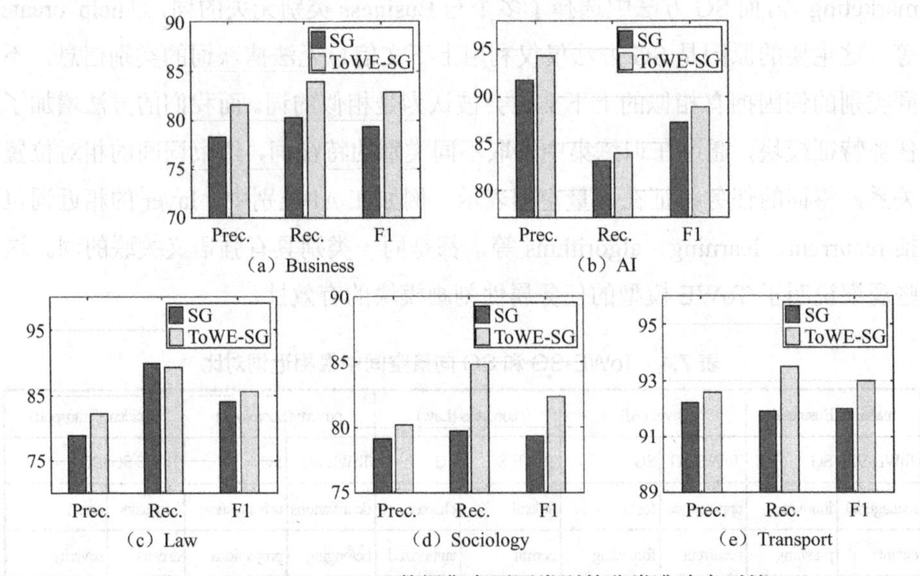

图 7.4　5AbstractsGroup 数据集中不同类别的分类准确率对比

7.6　本章小结

本章提出了一种任务导向的词表示方法 ToWE，将任务特定的特征融入语义空间的训练过程中，增强分布式表示方法刻画词在具体任务中的功能属性的能力。针对文本分类任务，我们设计了在向量空间保持不同类别的重要词之间清晰的分类边界的任务，实现将词的类别属性嵌入词向量空间。在选取的五个文本分类数据集上，ToWE 方法的分类效果明显优于其他的词向量方法，验证了该方法的有效性。

另外，我们构建了一个新的文本分类数据集 5AbstractGroup，可以用于对文本分类任务进行定量和定性的探索。在未来，我们将研究如何利用跨领域、可转移的任务特性，实现任务导向的词向量化表示。本章融合了文本的通用语义特征和任务特征，可以有效地提升实际任务效果。

第 8 章

文本语义向量化表示在机器阅读理解任务中的应用

8.1 引言

机器阅读理解（Machine Reading Comprehension,MRC）是自然语言理解领域的一项重要任务，是体现机器智能的重要方式。该任务的设置是给定文本和相应的问题，计算机通过理解问题和文本信息回答问题。根据答案类型的不同，机器阅读理解通常被分为以下四类：

（1）完形填空任务。

该类问题是先给出一个抽掉某个单词或者实体词的句子，需要机器将问题句子中被抽掉的单词或者实体词补全，使问题句子恢复完整。

（2）多项选择任务。

给定文本和问题，需要机器从多个候选答案中挑选正确答案。

（3）答案抽取任务。

该类问题的答案是原文中的一个连续的片段，需要机器确定答案的起始位置，从原文中抽取正确答案。

（4）自由格式问答任务。

需要根据文本和问题，生成目标答案。

在上述 MRC 任务中，答案抽取任务是最常见的机器问答形式，被广泛应用在智能问答系统和搜索系统中，如谷歌问答系统、BING 问答系统等。本章重点研究的是答案抽取式机器阅读理解。

机器阅读理解任务需要机器深入理解文本和问题，其效果依赖语义表示的效果。早期，众多研究人员对问句-文本的语义表示进行了深入的研究，设计了多种神经网络结构，如 BiLSTM、注意力机制、跨层交互模型等，提升了机器的语义表示能力和问答效果。

目前，基于预训练的语言模型（如 ELMo、BERT 等）借助强大的语义表达能力，已经成为机器阅读理解任务中主流的语义表示方式。与以往的语义表示方法相比，预训练语言模型在大规模数据上进行了预训练，蕴含了丰富的语义知识，通过精调阶段将预训练语言模型迁移到下游的机器阅读理解任务，提供高质量的文本语义表示初始化模型，并借助多层的 Transformer 结构实现问题和文本的深层交互，极大提升了机器的理解能力，在众多数据集上取得了显著的效果提升。这些数据集包括 SQuAD、Natural Questions 等。

通常，预训练语言模型利用"一步式"的方式处理机器阅读理解任务，即将问题和文本拼接输入到预训练模型，获取问题-文本的表示后，在输出层直接预测答案的开始和结束位置。尽管这些方法取得了出色的效果，但是这种方式与人类"多粒度"的阅读理解方式相违背。表 8.1 展示了人类在回答问题时进行段落、句子粒度的问题-文本语义匹配的示例。给定问题，人类会首先浏览文本，寻找与问题相关的段落后，对相关的段落进行仔细阅读，定位与问题相关的句子。综合利用多方面的相关信息，确定最终答案。因此，多粒度问题-文本的语义匹配信息，在机器阅读理解任务中起着重要的作用。

表 8.1 机器阅读理解任务中语义匹配示例

问题：Where did the San Francisco Giants come from?		
段落 1	语义匹配（√）	The San Francisco Giants are an American professional baseball franchise based in San Francisco, California.Founded in 1883 as the New York Gothams, and renamed three years later to the New York Giants, the team eventually moved to San Francisco in 1958.
段落 2	语义不匹配（×）	The Giants won the NL West for the first time since 2003, after trailing the San Diego Padres for most of the season. In the NLDS, the Giants defeated the Atlanta Braves 3-1. The Giants followed that up with a 4-2 win over the Philadelphia Phillies in the NLCS.
问题：What year did Tesla enroll at an engineering school?		
句子 1	语义匹配（√）	In 1875, Tesla enrolled at Austrian Polytechnic in Graz, Austria, on a Military Frontier scholarship.
句子 2	语义不匹配（×）	Tadakatsu enrolled at an engineering school in the year 1850.

本章将遵循人类的阅读策略，主要研究并设计多粒度的语义表示方法，为机器阅读理解任务提供问题-文本在不同粒度的语义匹配信息，从而为准确地抽取答案提供依据。近年来，众多研究人员尝试设计符合人类阅读策略的机器阅读理解模型，其中大部分的工作关注如何过滤与问题不相关的文本信息，降低机器阅读理解的难度。例如，Choi 等人提出了一个层级的阅读理解模型，利用一个句子选择器选择与问题相关的句子后，训练一个答案生成器，再从相关的句子中查找答案；Nie 等人提出了一个多阶段的阅读理解框架，分别包含一个段落过滤器和一个句子过滤器，过滤不相关文本后，从剩余的文本中抽取答案。尽管这些方法取得了出色的任务效果，但是它们是“多阶段”的阅读策略，主要缺陷如下：

（1）上个阶段的错误会被传递给下个阶段。例如段落或者句子选择阶段的错误会传递给答案选择阶段，如果相关的文本被错误地判断为不相关，则答案选择阶段不可能找到正确答案。

（2）不同的阶段之间无法共享信息。在阅读理解任务中，段落、句子等不同粒度文本与问题的语义匹配过程、答案提取过程紧密关联，对这两个过程分别进行建模使得模型无法综合利用不同阶段的有效信息。因此，如何真正有效地综合利用多粒度的语义匹配信息是一个重要的研究问题。

为了解决上述问题，本章利用预训练语言模型对问题-文本的不同粒度的语义特征进行表示，并提出了一种端到端的多粒度语义匹配的阅读理解模型 MGRC。具体来说，本章提出的 MGRC 方法在语义表示方面利用两个预训练语言模型分别学习问题和文本在段落、句子、词三种粒度的语义特征。MGRC 方法根据人类多粒度的阅读策略，对问题和文本在不同粒度进行语义特征匹配，分别用于段落选择、句子定位和答案抽取。另外，MGRC 方法设计了端到端的模型结构，采用不同粒度的语义表示共享参数。段落选择、句子定位和答案抽取模块被集成在一个统一的模型中，不同粒度的匹配信息被综合利用，辅助抽取最终的答案。

与多阶段的阅读理解方法相比，MGRC 方法使用端到端的模型，可以有效地避免错误传递的问题，实现多粒度语义匹配信息的综合利用。我们使用 SQuAD-open、NewsQA、SQuAD2.0 和 Adversarial-SQuAD 等四个常用的抽取式机器阅读理解数据集对 MGRC 方法进行测试，实验结果表明 MGRC 方法的效果明显优于现有的其他方法。

8.2　机器阅读理解

机器阅读理解是自然语言处理领域的重要研究任务。该任务首先给定一段文本，要求计算机根据文本的内容，对相应的问题做出回答。因此，机器阅读理解任务要求计算机能够阅读文本，并且理解文本的内在含义。与传统的自然语言处理任务相比，机器阅读理解任务涉及词法、句法和语法等多方面的信息，需要综合运用文本的语义表示和深度理解等技术，是真正能体现机器理解语言能力的、具有挑战性的任务。近年来，伴随着大规模、高质量的机器阅读理解数据集的构建，以及预训练语言模型在文本表示方面能力的大幅度提升，机器阅读理解迅速发展，成为自然语言处理领域最活跃的研究方向之一。

基于预训练语言模型的方法是目前机器阅读理解的主流方法。该方法通过在大规模的文本数据中对语言模型进行预训练，获取强大的语义表示能力。在应用到 MRC 任务的过程中，该方法将问题和文本进行了拼接，输入到预训练的语言模型中，通过多个相连的 Transformer 结构，获取深层的文本语义表示。然后，在精调阶段，机器阅读理解模型在预训练语言模型的输出上设计了一个单层神经网络，用于预测文本的不同位置是正确答案开始或者结束位置的概率。

目前，基于 BERT、XLNet、RoBERTa 等预训练语言模型的方法在 SQuAD、Natural Questions 等数据集上的效果显著超越传统的语义表示方法，并不断刷新任务效果，甚至超越了人类的表现。

基于预训练语言模型的方法直接对答案在文本中出现的位置进行预测，这与人类的阅读理解策略不同。通常人类在回答问题时，首先，判断一段文字是否与问题相关；然后，确定这段文字是否包含正确答案；最后，确定正确答案的位置。受人类阅读策略的启发，众多研究人员开始关注并设计多阶段的阅读理解模型。例如，Min 等人验证了在抽取式机器阅读理解任务中，大部分的问题仅需要几个句子即可确定最终答案。Wang 等人提出利用强化学习，训练一个包含文档排序和阅读理解的联合训练模型。Zhong 等人提出了一个综合多种验证信息的模型，利用一个粗粒度的候选答案选择器和一个细粒度的候选答案排序器，回答问题。上述方法的语义匹配和阅读理解是相互独立的，不同的阶段之间无法共享信息，语义匹配阶段的错误会被传递到阅读理解过程。为了缓解这个问题，Hu 等人提出了端到端的机器阅读理解模型，将选择器、阅读器和排序器构建在一个统一的模型中，综合利用多阶段的验证信息选择最终答案。但是这种方法没有对问句进行深入理解，并且忽略了问题和句子层次的文本语义匹配信息。

本章提出了一种端到端的机器阅读理解模型，设计了两个基于预训练模型的编码器，分别对句子和文本进行多粒度的语义特征提取。不同粒度的语义特征用于阅读理解过程中的语义匹配，帮助阅读器更好地定位到正确的文本片段。

8.3　机器阅读理解基础方法

我们利用预训练语言模型 BERT 作为问题和文本的语义表示模型。本节中，我们对基于 BERT 的机器阅读理解模型（记作 Vanilla BERT）进行介绍。抽取式机器阅读理解任务是从文本 $P=\{w_1,w_2,w_3,\cdots,w_n\}$ 中抽取问题 $Q=\{q_1,q_2,\cdots,q_m\}$ 的正确的答案片段 $A^*[s,e]=\{w_s,w_{s+1},\cdots w_e\}(1\leqslant s<e\leqslant n)$。其中 n 和 m 分别是文本和问题的长度，s 和 e 分别是答案的开始和结束的位置。Vainlla BERT 方法直接利用 BERT 模型学习文本的语义表示，并预测答案在文本不同位置出现的概率。该方法将问题和文本进行拼接，即输入到 BERT 编码器的序列为：$\{[\text{CLS}],Q,[\text{SEP}],P\}$ 其中[CLS]和[SEP]是 BERT 模型的特殊标志符，问题 Q 和文本 P 使用 WordPiece（见参考文献[137]）进行处理。输入序列中的每个词的表示是 WordPiece 向量、位置向量、分割向量的元素和，表示为 $H_0\in R^{T\times d}$，其中 d 是向量维度，T 是序列长度。然后，$\boldsymbol{H}_0$ 被输入到 BERT 模型的 L 层连续的 Transformer 中，第 i 层的向量表示为：

$$\boldsymbol{H}_i=\text{Transformer Block}(\boldsymbol{H}_{i-1}),i\in[1,L]$$

最后一层的向量 H_L 作为最终的文本语义特征表示。

在答案抽取的过程中，VanillaBERT 方法利用 H_L 作为特征，训练单层神经网络用于预测文本的不同位置是正确答案的开始/结束位置的概率：

$$P^{(\text{st})}=\text{softmax}(\boldsymbol{H}_L W^{(\text{st})}),$$

$$P^{(\text{ed})}=\text{softmax}(\boldsymbol{H}_L W^{(\text{ed})}),$$

其中，$P^{(\text{st})}$ 和 $P^{(\text{ed})}$ 分别表示答案的开始和结束位置的概率分布；$W^{(\text{st})}$ 和 $W^{(\text{ed})}$ 分别是预测开始和结束位置的线性层的参数。在训练过程中，对不包含正确答案的文本，答案的开始和结束位置都指向特殊标志符[CLS]。

最后，概率最大的开始位置和结束位置相互组合并过滤掉无效的片段（例如候选片段的开始位置小于结束位置）形成候选答案。每个候选答案（如$A[s,e]$）的打分是其开始和结束位置的概率之和，并减去特殊字符[CLS]的概率，即：

$$\text{score}(A[s,e]) = P^{(\text{st})}(s) + P^{(\text{ed})}(e) - P^{(\text{st})}([\text{CLS}]) - P^{(\text{ed})}([\text{CLS}])$$

对于仅包含可回答问题的数据集，如 SQuAD1.0，打分最高的候选片段被选定为最终答案。对于包含不可回答问题的数据集，如 SQuAD2.0，Vanilla BERT 方法就设置了一个阈值，当候选答案的最高分不超过该阈值时，则认为该问题没有答案。

8.4 多粒度语义匹配的 MGRC 模型

本章提出了一种基于多粒度语义匹配的机器阅读理解模型（MGRC）。模型结构如图 8.1 所示。MGRC 模型包括两个级联的 BERT 编码器（问题编码器和文本编码器）和一个多粒度匹配模块。在文本表示的过程中，编码器将问题和文本表示为三种不同的粒度，分别输入到多粒度匹配模块，用于段落定位、句子选择和答案抽取。本节将对 MGRC 模型的每个模块进行具体介绍。

8.4.1 多粒度语义表示

MGRC 模型使用预训练语言模型作为问题-文本的语义特征编码器。通常，人类在做阅读理解任务时会经历三个阶段：浏览文本，定位到相关段落；细读文本，选择相关句子；找到正确的答案。为了模仿人类的阅读策略，本章设计了两个 BERT 编码器，将问题-文本的编码也分为了三个不同的粒度，分别应用于三个不同的阶段。

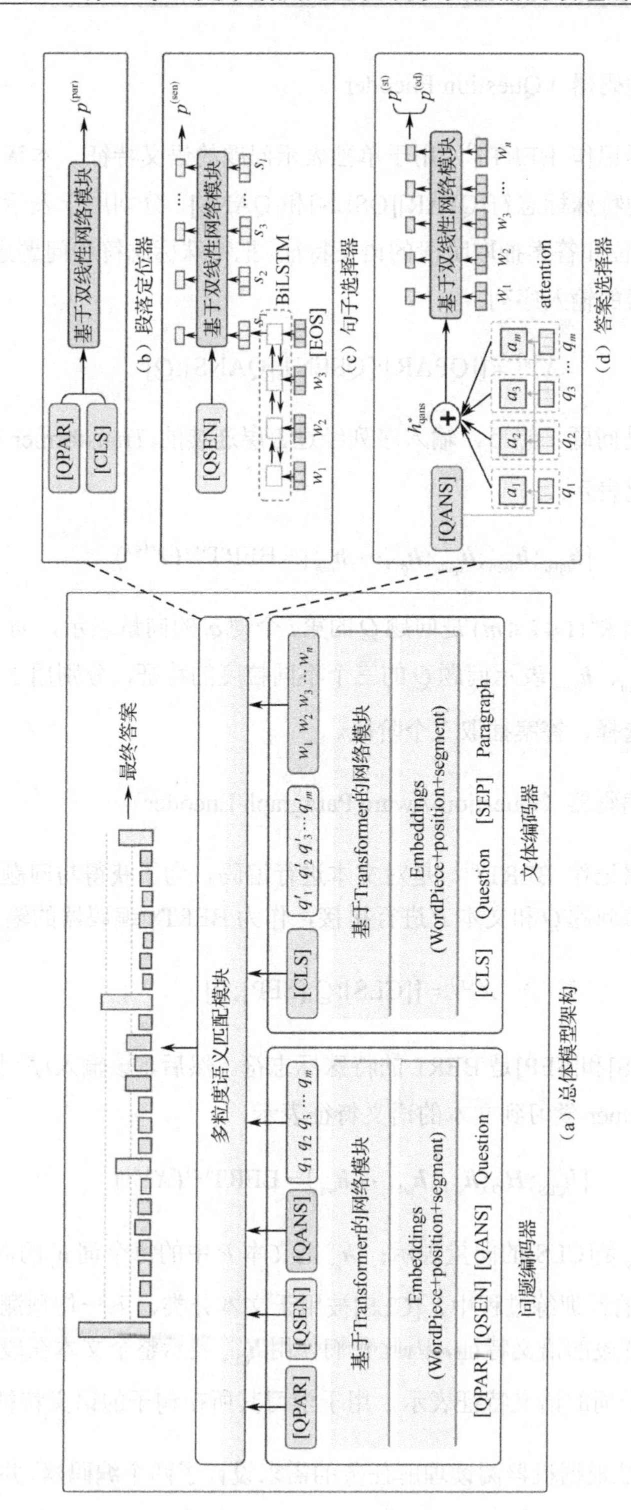

图8.1 MGRC模型示意图

（1）问题编码器（Question Encoder）。

问题编码器记作 $\mathrm{BERT}^{(q)}$，用于单独表示问题的语义特征。本章的方法中设计了三个新的特殊标志符[QPAR][QSEN]和[QANS]，分别用于表示问题在段落选择、句子定位和答案抽取阶段的语义特征。把特殊标志符和问题进行拼接，作为问题编码器的输入序列：

$$X^{(q)}=[[\mathrm{QPAR}];[\mathrm{QSEN}];[\mathrm{QANS}];Q]$$

其中，Q 是问题。然后，输入序列经过 L 层连续的 Transformer 获得了输入序列的向量化表示：

$$[\boldsymbol{h}_{\mathrm{qpar}};\boldsymbol{h}_{\mathrm{qsen}};\boldsymbol{h}_{\mathrm{qans}};\boldsymbol{h}_{q1},\cdots,\boldsymbol{h}_{qm}]=\mathrm{BERT}^{(q)}(X^{(q)})$$

其中，$\boldsymbol{h}_{qi}\in R^{d}(1\leqslant i\leqslant m)$ 是问题 Q 的第 i 个词 q_i 的向量表示，m 是问题的长度，$\boldsymbol{h}_{\mathrm{qpar}}$、$\boldsymbol{h}_{\mathrm{qsen}}$、$\boldsymbol{h}_{\mathrm{qans}}$ 表示问题 Q 的三个不同粒度的特征，分别用于后续的问题定位、句子选择、答案抽取三个阶段。

（2）文本编码器（Question-Aware Paragraph Encoder）。

文本编码器记作 $\mathrm{BERT}^{(p)}$，是对文本进行编码。为了获得与问题相关的文本特征表示，将问题 Q 和文本 P 进行拼接，作为 $\mathrm{BERT}^{(p)}$编码器的输入序列：

$$X^{(p)}=[[\mathrm{CLS}];Q;[\mathrm{SEP}];P]$$

其中，[CLS]和[SEP]是 BERT 的特殊标志符。然后，该输入序列经过 L 层连续的 Transformer 学习到文本的语义特征表示：

$$[\boldsymbol{h}_{\mathrm{CLS}};\boldsymbol{H}_{Q};\boldsymbol{h}_{\mathrm{SEP}};\boldsymbol{h}_{w1},\cdots,\boldsymbol{h}_{wn}]=\mathrm{BERT}^{(p)}(X^{(p)})$$

其中，$\boldsymbol{h}_{\mathrm{CLS}}$ 是[CLS]的向量表示；$\boldsymbol{h}_{wi}$ 是文本 P 中的每个词 w_i 的向量表示。在 BERT 模型的预训练过程中，[CLS]被用于文本分类、下一句预测等任务，可以表示整个片段的语义特征，因此我们使用 $\boldsymbol{h}_{\mathrm{CLS}}$ 表示整个文本在段落层级的语义特征。每个词的语义特征表示，用于学习其所在句子的语义特征。

MGRC 方法根据机器阅读理解任务的需求设计了两个编码器，并且每个编码器生成三种不同粒度的文本语义特征表示。这种特征表示方法的设计源于人类的阅读策略，人们首先充分理解问题，然后根据问题的需求从文章中查找答案。因此，与传统方法相比，MGRC 方法增加了问题编码器学习问题的语义特征。另外，MGRC 方法从段落、句子、词等不同粒度对问题和文本进行语义表示，可以辅助计算机更好地从不同粒度计算问题和文本之间的相关度，确定最终答案。

8.4.2　多粒度语义匹配

多粒度语义匹配模块分别进行段落定位、句子选择和答案选择，综合段落、句子、词三种粒度的匹配信息确定问题的最终答案。本节对不同粒度的语义匹配进行了具体介绍。

1．段落定位

段落定位是指在人类的阅读理解过程中通过浏览整个文本确定与问题相关的段落的过程。MGRC 模型中段落定位模块的功能是判断一个段落是否与问题相关。在这个阶段中，问题的语义表示使用的是问题编码器中特殊标志符[QPAR]的特征向量，文本的语义表示使用的是文本编码器中特殊标识符[CLS]的特征向量。值得注意的是在大规模的语料中，[CLS]在 BERT 模型中作为文本的整体语义表示被预训练，因此具备表示整个文本语义的能力。为计算问题和文本的匹配程度，MGRC 模型通过一个双线性层网络对问题-文本的段落粒度的匹配度进行打分：

$$p^{(\mathrm{par})} = \mathrm{sigmoid}(\boldsymbol{h}_{\mathrm{qpar}}^{\mathrm{T}} \boldsymbol{W}^{(\mathrm{par})} \boldsymbol{h}_{\mathrm{cls}})$$

其中，$\boldsymbol{h}_{\mathrm{qpar}} \in R^d$ 是编码器 $\mathrm{BERT}^{(q)}$中[QPAR]的向量表示；$\boldsymbol{h}_{\mathrm{cls}} \in R^d$ 是编码器 $\mathrm{BERT}^{(p)}$中[CLS]的向量表示；$\boldsymbol{W}^{(\mathrm{par})} \in R^{d \times d}$ 是双线性函数的参数。为了表示清晰，我们省略了偏置向量，当文本中包含正确答案时问题-文本是匹配的，标签设置为 1，其他情况标签设置为 0。在训练过程中，段落层级匹配的训练目标函数是：

$$\mathcal{L}_{\text{par}} = -\frac{1}{N}\sum_{N}(y^{(\text{par})}\log p^{(\text{par})} + (1-y^{(\text{par})})\log(1-p^{(\text{par})}))$$

其中，N是训练样本的数量；$y^{(\text{par})}$是标签。

2．句子选择

句子选择模块需要更详细地筛选段落中的句子，确定每个句子与问题的语义匹配程度。具体来说，$P=[s_1,s_2,\cdots,s_l]$表示文本中包含l个句子，其中，$s_i=[w_{i1},w_{i2},\cdots,w_{is_i}]$是$P$中的一个句子，$w_{ij}(1\leqslant j\leqslant|s_i|)$是句子$s_i$中的词。我们在每个句子最后增加了一个特殊词，即$w_{is_i}$，它是一个特殊标志符[EOS]（End of Sentence）。通过综合句子中每个词的语义特征表示句子的语义特征。我们使用 BiLSTM 作为句子语义表示的编码器，综合考虑双向的语义依赖，每个句子的特征表示是：

$$\boldsymbol{s}_i = \text{BiLSTM}([\boldsymbol{h}_{w_{i1}},\boldsymbol{h}_{w_{i2}},\boldsymbol{h}_{w_{i3}},\cdots,\boldsymbol{h}_{w_{is_i}}])$$

其中，$\boldsymbol{h}_{w_{ij}}$是词w_{ij}在编码器 $\text{BERT}^{(p)}$中的向量表示；$\boldsymbol{s}_i$是句子s_i的向量表示。其他的句子编码器（如 RNN，LSTM，Transformer）也可以用于我们的模型中。

在句子粒度的问题-文本语义匹配过程中，我们使用问题编码器中[QSEN]的特征向量表示问题的语义特征，与文本中的每个句子进行语义匹配。我们利用一个双线性网络计算问题-句子的相关性：

$$p^{(\text{sen})} = \text{softmax}(\boldsymbol{h}_{\text{qsen}}^{\text{T}}\boldsymbol{W}^{(\text{sen})}[\boldsymbol{s}_1,\boldsymbol{s}_2,\boldsymbol{s}_3,\cdots,\boldsymbol{s}_l])$$

其中，$\boldsymbol{h}_{\text{qsen}}$是编码器 $\text{BERT}^{(q)}$中特殊标志符[QSEN]的向量表示；$\boldsymbol{W}^{(\text{sen})}$是双线性层网络的参数。在训练过程中，当句子中包含正确答案时该句子的标签设置为 1；否则，标签设置为 0。当所有句子都不包括正确答案时，我们将文本中的特殊标志符[CLS]的标签设置为 1，其他所有的句子的标签设置为 0。句子选择模块的训练目标函数是：

$$\mathcal{L}_{\text{sen}} = -\frac{1}{N}\sum_{N}\sum_{i=1}^{l}y_i^{(\text{sen})}\log p_i^{(\text{sen})}$$

其中，N 是训练样本数量；l 是每个样本的文本中包含的句子数量；$y_i^{(\mathrm{sen})}$ 是句子 s_i 的标签。

3．答案抽取

答案抽取模块在文本序列中定位正确答案的开始和结束的位置。在这个模块中，MGRC 使用特殊标志符[QANS]作为问题的语义特征表示。首先，在答案抽取过程中，我们设置了一个依据问题类型判断的任务指导答案选择。每个问题都有潜在的问题类型。例如“电影《寄生虫》的导演是哪年出生的？”和“电影《寄生虫》的导演是哪里的人？”这两个问题的类型分别是时间和地点。在定位到相关文本片段时，需要根据问题的类型判断最终答案的类型。

我们设置了一个问题类型分类器，使 MGRC 模型学习到问题的类型特征。在训练分类器之前，我们首先使用关键字匹配的方法对问题类型进行标注，不同类型使用的关键字见表 8.2。当发现问题中包含某个类型的关键字时，则将问题标签设置为该类型。

表 8.2　标注问题类型的关键字

类型	关 键 字							
时间	century	year	month	day	period	time	age	decade	era
地点	city	country	place	area	street	road	region	state	bay
	province	mountain	location	town	park	river			
任务	who	whom	whose	who's					
原因	why	because	cause	reason					
数字	percent	size	amount	number	degree				

然后，我们利用单层神经网络，训练问题类型分类器，即：

$$p^{(\mathrm{type})} = \mathrm{softmax}(\mathrm{FNN}(\boldsymbol{h}_{\mathrm{qans}};\theta))$$

其中，$\boldsymbol{h}_{\mathrm{qans}}$ 是特殊标志符[QANS]的向量；$\mathrm{FFN}(\cdot;\theta)$ 是单层神经网络，θ 是网络的参数；$p^{(\mathrm{type})}$ 是问题类型的概率分布。问题类型分类器的训练目标函数是：

$$\mathcal{L}_{\text{type}} = -\frac{1}{N}\sum_{N}\sum_{i=1}^{C} y_i^{(\text{type})} \log p_i^{(\text{type})}$$

其中，$y^{(\text{type})}$是问题的类型标签；C是问题类型的种类。

然后，我们引入了注意力机制对问题进行语义表示，综合考虑了问题的类型特征（$\boldsymbol{h}_{\text{qans}}$）和问题的语义特征（问题中每个词在问题编码器中的语义表示）。因此，在答案选择模块问题被表示为$\boldsymbol{h}_{\text{qans}}^{*}$：

$$e_i = \boldsymbol{h}_{\text{qans}}^{\text{T}} \boldsymbol{W}^{(a)} \boldsymbol{h}_{q_i}$$

$$a_i = \frac{\exp(e_i)}{\sum_{1 \leqslant k \leqslant m} \exp(e_k)}$$

$$\boldsymbol{h}_{\text{qans}}^{*} = \sum_{1 \leqslant i \leqslant m} a_i \boldsymbol{h}_{q_i}$$

其中，$\boldsymbol{h}_{\text{qans}}$是编码器 BERT$^{(q)}$中[QANS]的向量表示；$\boldsymbol{h}_{q_i}$是编码器 BERT$^{(q)}$中$q_i$的向量化表示；$\boldsymbol{W}^{(a)}$是训练参数。

最后，我们利用问题的语义特征指导答案选择模块预测正确答案的开始和结束位置，即：

$$p^{(\text{st})} = \text{softmax}(\boldsymbol{h}_{\text{qans}}^{*} \boldsymbol{W}^{(\text{st})} [\boldsymbol{h}_{w_1}, \boldsymbol{h}_{w_2}, \cdots, \boldsymbol{h}_{w_n}]$$

$$p^{(\text{ed})} = \text{softmax}(\boldsymbol{h}_{\text{qans}}^{*} \boldsymbol{W}^{(\text{ed})} [\boldsymbol{h}_{w_1}, \boldsymbol{h}_{w_2}, \cdots, \boldsymbol{h}_{w_n}]$$

其中，$\boldsymbol{W}^{(\text{st})}$和$\boldsymbol{W}^{(\text{ed})}$是双线性层的参数；$\boldsymbol{h}_{w_i}$是文本的第$i$个词$w_i$的特征向量；$n$是文本的长度。在训练过程中，答案抽取模块的目标函数是最大化正确答案开始和结束位置的概率：

$$\mathcal{L}_{\text{word}} = -\frac{1}{N}\sum_{N}\sum_{i=1}^{n} y_i^{(\text{st})} \log p_i^{(\text{st})} + y_i^{(\text{ed})} \log p_i^{(\text{ed})}$$

其中，$y_i^{(\text{st})}$和$y_i^{(\text{ed})}$是正确答案的位置。与 Vanilla BERT 模型相同，当文本里不包含正确答案时，答案的开始和结束位置指向特殊标志符[CLS]。

8.4.3 联合模型及其优化

MGRC 模型包括三个粒度的语义匹配（即段落定位、句子匹配、答案抽取）和一个问题类型分类任务。在训练过程中我们使用联合训练的方式对四个训练目标进行优化，目标函数为：

$$\mathcal{L}=\mathcal{L}_{\text{par}}+\mathcal{L}_{\text{sen}}+\mathcal{L}_{\text{word}}+\mathcal{L}_{\text{type}}$$

在优化模型过程中，我们采用随机梯度下降算法最小化损失函数。

在测试过程中，MGRC 模型综合考虑三个粒度的匹配信息从而确定最终答案。MGRC 模型首先根据段落匹配打分 $p^{(\text{par})}$ 确定其中是否包含正确答案。低于阈值 T_p 的段落被删除，高于阈值 T_p 的段落用于答案抽取。

在答案抽取过程中，每个候选答案片段 $A_{[s,t]}=\{w_s,w_{s+1},\cdots,w_t\}$（其中 s 和 t 分别是答案开始和结束的位置）的打分是其所在的句子的语义匹配概率 $p^{(\text{sen})}$、答案开始位置的概率 $p^{(\text{st})}$、答案结束位置的概率 $p^{(\text{ed})}$ 的和。打分最高的候选答案被选定为最终答案。

8.5 实验

本节对 MGRC 模型的有效性进行了验证。首先，详细介绍了实验使用的四个数据集。其次，介绍了评测指标和对比方法以及不同方法的实施细节。然后，介绍了 MGRC 模型与其他方法在四个数据集的整体性能评测。随后，对 MGRC 模型进行了深入的分析，包括参数分析和核心模块的有效性分析。最后，为了深入说明 MGRC 模型的有效性，本节进行了实例分析。

8.5.1 数据集

为了验证 MGRC 模型的有效性，我们在下列四种不同类型的 MRC 数据集中进行对比实验。不同数据集的统计信息见表 8.3。

表 8.3 机器阅读理解数据集的统计信息

数据集	训练数据数（万）	测试数据数	平均句子数	平均词数	数据来源
SQuAD-open	8.76	10570	69.4	1697.0	Wikipedia
NewsQA	9.25	5166	30.4	701.3	CNN News
SQuAD2.0	13.03	11873	5.4	127.9	Wikipedia
AddOneSent	8.76	1787	5.6	131.8	Wikipedia
AddSent	8.76	3560	5.8	134.8	Wikipedia

（1）SQuAD-Open 是一个开放领域的机器阅读理解（Open-domain MRC）数据集。

该数据集仅提供问题和对应的答案，不提供用于回答问题的相关文本。文本的来源是整个 Wikipedia。该数据集的问题和答案都来源于 SQuAD1.1 数据集。在实验中，我们将 Wikipedia 领域的文本拆分为段落，针对每一个问题计算其与不同段落的 TFIDF 打分，选择打分最高的 20 个段落并将它们拼接作为回答问题所用的文本数据。

（2）NewsQA 是基于 CNN 新闻信息的机器阅读理解数据集。

该数据集涉及众多的领域和主题，是一个复杂的机器阅读理解任务。它包括超过 10 万个人工构建的问题，标注者根据 CNN 新闻的标题和摘要提出问题，并在新闻文本中标注答案。与 Kundu 等人的方法相似，我们只使用了数据集中有答案的问题用于训练和测试。

（3）SQuAD2.0 是大规模的人工构建的机器阅读理解数据集。

该数据集包括问题和对应的答案，并且提供一个与问题相关的 Wikipedia 段落作为相应的文本，用于抽取问题的答案。该数据集包括 13 万个问题，并且一部分问题没有答案。

（4）SQuAD-Adversarial 是一个包含干扰信息的机器阅读理解数据集。

该数据集提供问题和相应的答案，以及用于回答问题的文本。其中，训练数据的问题-答案文本来自 SQuAD1.1。为了测试模型的鲁棒性，该数据集在测试数据的文本信息中按照两种不同的方式添加了干扰语句：AddOneSent 随机增加了一个句子作为干扰；AddSent 增加了一个与问题有关的句子作为干扰。

8.5.2　评测指标及对比方法

在实验中，我们将 MGRC 模型与下列四种高质量的机器阅读理解模型进行了效果对比：

（1）Vanilla BERT 模型。

Vanilla BERT 模型是 MGRC 模型的基础模型。该模型采用“一步式”方法，利用预训练语言模型 BERT 作为编码器获得问题和文本的语义特征，然后利用单层神经网络直接预测答案在文本中开始和结束的位置。

（2）MINIMAL 模型。

MINIMAL 模型是“多阶段”的机器阅读理解模型。该方法首先训练了一个句子选择器，过滤掉与问题不相关的句子；然后，将剩余句子进行拼接，形成新的文本；最后，在新的文本上预测答案开始和结束的位置。在实验中，我们将原方法中的 BiLSTM 编码器替换为更为强大的 BERT 编码器，用于训练句子选择模型，并使用 Vanilla BERT 在新的文本中进行答案选择。

（3）RetrievalQA 模型。

RetrievalQA 模型是“多阶段”的机器阅读理解模型。该方法首先利用段落选择器过滤不相关的段落，然后利用句子选择器过滤不相关的句子。再将剩余的句子拼接成新的文本，用于选择答案。在实验中，我们使用 BERT 作为编码器训练段落和句子选择器，使用 Vanilla BERT 在新的文本中进行答案选择。

（4）RE^{3}QA 模型。

这是一个端到端的阅读理解模型。该模型将检索器、阅读器和答案排序器集成在一个统一的模型中，首先利用检索器过滤不相关的片段，然后在剩下的片段中进行答案的选择。在候选答案中，该方法利用候选答案的语义特征训练一个排序器，对候选答案进行重排序。该方法的不同模块共享相同的语义表示参数，避免了不同阶段信息的错误传递。与本章提出的方法不同，该方法缺少问题语义表示模块，也没有显式地对问题和文本进行多粒度语义匹配，缺少句子层次的相关信息。

在实验中，我们使用以下两种评价指标：

- EM：预测答案和正确答案完全匹配的百分数；
- F1：预测答案和正确答案的平均词重叠百分比。

我们使用了两种不同规模的预训练语言模型，包括 BERT-base 和 BERT-large。编码器的输入序列长度设置为 384，滑动窗口的步长设置为 128，学习率的选取范围是 $\{1e-5,2e-5,3e-5\}$。在数据处理过程中，我们从训练集中随机选择 90%的数据用于模型训练，其余的 10%作为开发集用于调参。我们使用 NLTK 工具包将文本拆分为句子。在训练段落选择器和句子选择器过滤不相关文本时，我们利用开发集选择阈值，对 SQuAD-Open 数据集，我们保持 65%的召回率，其他数据集保持 95%的召回率。

8.5.3 整体性能评测

我们首先在 SQuAD-Open 和 NewsQA 数据集上对比了 MGRC 和其他四种机器阅读理解方法。表 8.4 展示了整体性能的对比。

表 8.4 MGRC 方法与其他对比方法在 SQuAD-Open 和 NewsQA 数据集的实验结果对比（%）

模型	规模	SQuAD-Open		NewsQA	
		EM	F1	EM	F1
Vanilla BERT	base	32.9	38.7	48.4	64.5
MINIMAL		42.8	51.2	47.9	64.3
RetrievalQA		41.7	49.8	46.3	62.7
RE^{3}QA		40.1	48.4	-	-
MGRC		44.0	52.0	50.0	66.1
Vanilla BERT	large	34.8	40.5	51.8	68.2
MINIMAL		48.1	55.7	51.4	66.9
RetrievalQA		42.8	51.5	51.0	66.5
RE^{3}QA		41.9	50.2	-	-
MGRC		50.2	57.4	52.5	69.9

从表中我们观察到如下现象：

（1）与基础方法 Vanilla BERT 方法比，MGRC 方法取得了显著的效果提升。

这个现象说明了在强大的预训练语言模型的基础上，学习多粒度的语义特征并用于语义匹配，可以进一步提升机器阅读理解任务的效果。

（2）与“一步式”方法相比，多阶段的阅读理解方法取得了更好的实验效果。

例如，当使用 BERT-large 为预训练模型时，MINIMAL、RetrievalQA、RE^{3}QA 和 MGRC 方法在 SQuAD-Open 数据集上比 Vanilla BERT 方法效果（F1）分别提升了 15.2（%）、11（%）、9.7（%）和 16.9（%）。上述现象表明多阶段匹配模式有利于减少噪声数据的干扰，使机器阅读理解模型更容易抽取正确答案。以 BERT-large 为预训练模型，在 NewsQA 数据集上，MGRC 方法比 Vanilla BERT 方法实现了 1.7（%）的效果（F1）提升。然而 MINIMAL 和 RetrievalQA 在 NewsQA 数据集上的表现略差于 Vanilla BERT，主要原因是在训练和评估过程中过滤掉了大量的数据，当段落选择器或者句子选择器不准确时，会过滤掉包含答案的文本，降低实验效果。

（3）MGRC 方法在 SQuAD-Open 数据集上效果明显优于其他方法。

在 EM 评测指标方面，当使用 BERT-large 为预训练模型时，MGRC 的实验效果分别比 MINIMAL 和 RetrievalQA 方法平均提升了 2.1（%）和 7.4（%）。这说明在噪声较大的开放领域的阅读理解任务中，我们的端到端的方法可以避免错误传递的问题，比多阶段的方法更加有效。在 SQuAD-Open 数据集上，MGRC 方法的效果比 RE^{3}QA 方法更好，主要原因是 MGRC 方法使用了两个 BERT 编码器来建模三种不同粒度的特性，并考虑了句子级匹配信息和问题类型。

表 8.5 对比了不同方法在 SQuAD2.0 和 SQuAD-Adversarial 数据集的效果。

表 8.5　MGRC 方法与其他方法在 SQuAD2.0 和 SQuAD-Adversarial 数据集上的效果对比（%）

方　法	规模	SQuAD 2.0					AddOneSent		AddSent	
		EM	F1	HasEM	HasF1	NoAcc	EM	F1	EM	F1
Vanilla BERT	base	73.43	76.63	71.98	78.39	74.87	71.46	78.71	65.39	72.72
MINIMAL		74.27	77.86	70.99	78.17	77.54	75.77	83.08	72.47	79.98
MGRC		76.02	79.67	74.33	81.64	77.71	76.83	83.42	74.3	80.73
Vanilla BERT	large	83.41	86.24	79.91	85.59	86.9	78.96	84.86	74.3	79.64
MINIMAL		82.4	85.33	79.5	85.39	85.28	79.97	85.87	78.57	84.49
MGRC		84.43	87.74	80.84	87.48	88.01	81.25	87.37	79.52	85.41

从表中我们可以观察到：

（1）在 SQuAD 2.0 数据集中。

在 SQuAD 2.0 数据集中，MGRC 方法比 Vanilla BERT-base 在可回答子集（HasEM）和不可回答子集（NoAcc）上的实验效果分别提升了 2.35（%）和 2.84（%）；MGRC 方法比 Vainlla BERT-large 方法在可回答子集和不可回答子集上的实验效果分别提升了 0.93（%）和 1.11（%）。与其他数据集相比，SQuAD2.0 的文本信息是与问题相关的段落，是精细且相关的信息。本章提出的 MGRC 方法比 Vanilla BERT 方法效果更好，这说明了在 MGRC 方法中可以刻画比段落更细粒度的问题-文本之间的相关性，提升了任务效果。

（2）在 SQuAD-Adversarial 的两个数据集中，与 Vanilla BERT 相比 MGRC 取得了显著的效果提升。主要原因是 Vanilla BERT 无法判断句子是否与问题相关。MGRC 方法可以避免人工增加的错误信息的影响，抵抗干扰信息对模型的误导，因此 MGRC 模型在有干扰信息的环境中具有鲁棒性。

（3）MINIMAL 方法使用 BERT-large 作为编码器时，其性能略低于其基础模型 Vanilla BERT，这说明多阶段的匹配策略可能会因为错误传递的问题影响模型的效果。本章提出的 MGRC 方法比 MINIMAL 和 Vanilla BERT 效果更好。上述现象表明端到端的 MGRC 方法可以避免错误传递，提升任务效果，并在强的预训练的语言模型（BERT-large）中依旧有效。

8.5.4　参数分析

MGRC 模型中包含三个不同的阈值参数，分别是段落选择的阈值 T_p，句子选择的阈值 T_s 和答案选择的阈值 T_w，其中 T_s 和 T_w 仅应用在包含不可回答问题的数据集中。为了评测 MGRC 模型中这三个参数的影响，我们在 SQuAD2.0 数据集上对不同的参数设置进行了评测。

图 8.2 显示了不同阈值的 MGRC 模型在 SQuAD2.0 数据集中的效果对比。从图中我们可以观察到可回答子集、不可回答子集之间存在着相反的趋势：当三个阈值均取值较大时模型会将大部分的问题视为无答案，导致无法回答的问题的准确性更好，但可回答问题的准确性更差。另一个观察结果是，相对于较大范围的阈值设置，MGRC 模型的 F1 效果是相对稳定的。这表明本章的方法在阈值参数发生变化时效果是比较稳定的。在实际应用中，MGRC 模型可以根据开发集选择不同的阈值，并应用到测试集中。

8.5.5　模块有效性验证

MGRC 模型的优势体现在两个方面：

（1）多粒度语义表示模块：使用两个 BERT 编码器分别学习三种不同粒度

的问题和文本的语义特征。

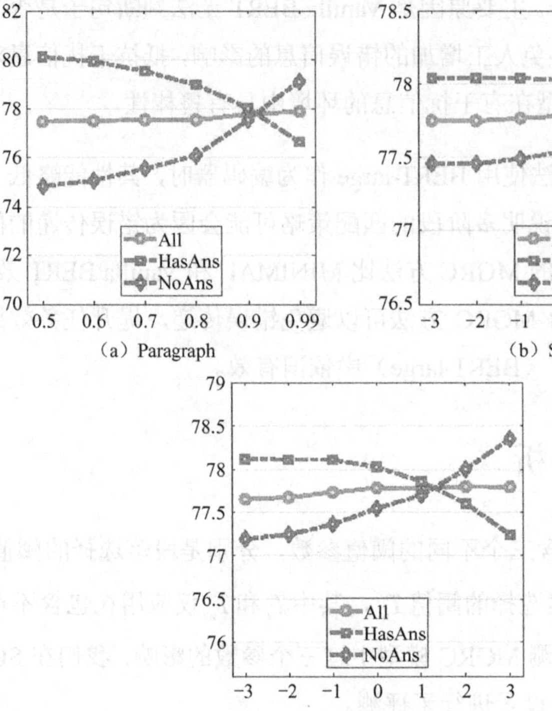

（a）Paragraph

（b）Sentence

（c）Answer

图 8.2 MGRC 模型中的不同阈值的效果对比

（2）多粒度语义匹配模块：对不同粒度的问题-文本进行语义匹配用于优化阅读理解模型。

本节从这两个方面出发，对 SQuAD2.0 数据集进行消融实验，分别移除 MGRC 模型的不同模块，对 MGRC 的每个模块的有效性进行验证。实验结果见表 8.6。

表 8.6 MGRC 模型在 SQuAD2.0 数据集上的消融实验结果（%）

实 验 设 置	EM	F1	ΔEM	ΔF1
MGRC	76.0	79.7	-	-
OneBERT	74.2	77.8	1.8	1.9
OneQFeature	74.4	77.7	1.6	2.0
$-L_{par}$	73.8	77.6	2.2	2.1

续表

实验设置	EM	F1	ΔEM	ΔF1
$-L_{sen}$	74.1	77.8	1.9	1.9
$-L_{type}$	75.2	79.1	0.8	0.6

1. 多粒度语义表示模块的作用

首先，我们验证 MGRC 模型中多粒度语义表示模块的有效性，对两个编码器的有效性和三种粒度表示的有效性进行评测。

（1）首先，MGRC 模型使用两个编码器对问题和文本分别进行表示。

在对比实验中，我们移除了其中的一个编码器，只使用另一个编码器对问题和文本进行表示，这种模型设置记为 OneBERT。在实验中，我们依旧保持对问题的三种不同粒度的表示，因此编码器的输入序列是问题的三种粒度的特殊标志符、问题和文本的拼接，即 $\{[CLS],[QPAR],[QSEN],[QANS],Q,[SEP],P\}$。实验结果见表 8.6，我们观察到，与原模型相比 OneBERT 引起了明显的效果下降（EM 和 F1 分别下降了 1.8（%）和 1.9（%）），主要原因是 MGRC 使用两个编码器，增强了对问题的单独理解，可以更有效地刻画问题的需求，支持后续的多粒度语义匹配模块。

（2）然后，MGRC 模型对问题和文本的三个粒度的语义特征进行抽取。

为了验证多粒度语义特征表示的有效性，实验中我们提出了 OneQFeature 的实验设置，仅使用一个问题特殊标志符表示问题的不同粒度的语义特征，用于后续的段落、句子、词的语义匹配。实验效果见表 8.6，与原模型相比，OneQFeature 引起了明显的效果下降(EM 和 F1 分别降低了 1.6(%)和 2.0(%))，这说明多粒度的语义特征表示可以更好地用于不同粒度的语义匹配，辅助模型抽取答案。

2. 多粒度语义匹配模块的作用

我们对多粒度匹配模块的有效性进行验证，分别移除段落定位、句子定位和答案选择的目标函数，验证不同粒度的语义匹配对模型效果的影响。实验效果见表 8.6。

首先，我们移除了段落语义匹配（$-L_{par}$）。从表 8.6 中我们观察到，与原模型相比，缺少段落匹配信息会导致模型的 EM 和 F1 性能分别下降 2.2（%）和 2.1（%）。由于段落匹配的性能可以通过模型判断问题是否可回答的准确性来评估，为了进一步分析，给定一个问题-段落，我们设置实验判断通过段落匹配能否正确预测该段落是否包含问题的答案。具体来说，在 MGRC 模型中，当 $p(\text{par}) > T_p$ 时，认为该问题有答案。在 Vanilla BERT 方法中，当候选答案的最高分比[CLS]打分高时，认为该问题有答案。在 SQuAD2.0 不同子集上 MGRC 和 Vanilla BERT 的效果对比见表 8.7。

表 8.7　MGRC 与 Vanilla BERT 在段落匹配准确度方面的对比（%）

数　据　集	Vanilla BERT	MGRC	增长
SQuAD2.0 可回答子集	86.18	89.42	+3.24
SQuAD2.0 不可回答子集	74.87	77.71	+2.84
SQuAD2.0 全部数据	80.52	83.56	+3.04

实验结果表明，具有段落匹配组件的 MGRC 模型的性能明显优于 Vanilla BERT，验证了段落匹配在识别可回答和不可回答问题方面的有效性。然后，我们移除了句子语义匹配（$-L_{sen}$）。从表 8.6 中我们观察到，缺少句子匹配信息也导致了相对较大的性能下降，EM 性能较原模型下降了 1.9（%）。这表明句子级语义匹配信息，可以辅助 MGRC 模型更好地选择答案。另外，为了进一步分析 MGRC 模型中句子语义匹配的准确性，我们对该模块是否能正确识别与问题相关的句子进行验证。在实验中，如果一个句子包含正确的答案则被模型认为是句子粒度语义匹配的，即为正确的句子。图 8.3（a）显示了 SQuAD2.0、AddOneSent 和 AddSent 数据集上的句子匹配的准确率。从图中我们可以看到，本章提出的方法能准确预测 85.5%的 SQuAD2.0 数据集上与问题相关的句子即正确的句子，比 Vanilla BERT（83.7%）高 1.8（%）。在 AddOneSent 和 AddSent 数据集上，MGRC 模型预测正确句子的准确率比 Vanilla BERT 分别高 4.5（%）和 9.5（%）。这些观察结果表明，MGRC 模型中句子级的匹配可以辅助确定正

确的句子，帮助模型从正确的句子中抽取答案。

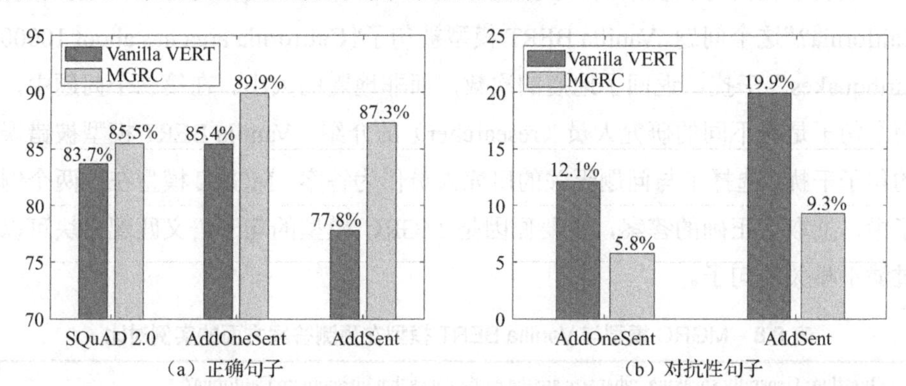

图 8.3 SQuAD2.0、AddOneSent 和 AddSent 数据集中句子语义匹配的效果

此外，针对具有干扰信息的 AddOneSent 和 AddSent 数据集，在图 8.3（b）中我们对比了不同模型将干扰句子误认为语义匹配的概率。实验结果表明，在这两个数据集中 MGRC 模型的错误率分别比 Vanilla BERT 低 6.3%和 10.6%，说明我们的方法可以有效地防止对抗性语句引起的干扰。

最后，我们移除了问题类型分类模块（$-L_{type}$），见表 8.6，与原模型相比 EM 效果下降了 0.8（%）。这种现象说明在对问题进行特征表示时，问题类型对最终答案的选择具有积极的影响。另外，我们在 SQuAD2.0 数据集上对问题类型预测模块的准确性进行评估，准确率达到 99.8（%）。实验结果表明，模型中的问题类型分类器训练良好。高精度的问题类型分类为答案抽取阶段提供了有力的支持。总结来说，我们的方法利用了单独的问题编码器，可以深入地理解问题类型，学习多粒度的问题语义特征，辅助模型抽取正确答案。

8.5.6 实例分析

为了进一步理解 MGRC 模型的有效性，我们在 SQuAD2.0 数据集中选择了两个问题进行实例分析。我们将两个问题和相应的文本展示在表 8.8 中。其中，Question 代表输入的问题，Passage 代表用于回答问题的文本。Baseline answer 是 Vanilla BERT 模型输出的问题答案。带有下划线的片段是正确答案。

从表中我们可以观察到，对于“What size are the earthquakes that hit southern California?”这个问题，Vanilla BERT 模型被句子“California area has about 10000 earthquakes”干扰，返回了地震的次数，而非地震的大小。在第二个问题中，两个句子是对不同的研究人员（researcher）的介绍，Vanilla BERT 模型被错误的句子干扰，选择了与问题无关的研究人员作为答案。MGRC 模型在这两个例子中，抽取了正确的答案，主要原因是 MGRC 模型的句子语义匹配模块可以过滤不相关的句子。

表 8.8　MGRC 模型与 Vanilla BERT 模型在预测答案方面的实例对比

Question: Generally speaking, what size are the earthquakes that hit southern California? **Passage:** Each year, the southern California area has about 10,000 earthquakes. Nearly all of them are so small that they are not felt…. **Baseline answer:** 10,000 × **Our approach answer:** small √
Question: What researcher showed that air is a necessity for combustion? **Passage:** In the late 17th century, Robert Boyle proved that air is necessary for combustion. English chemist John Mayow (1641-1679) refined this work by showing that fire requires only a part of air that he called spiritus nitroaereus or just nitroaereus.... **Baseline answer:** John Mayow × **Our approach answer:** Robert Boyle √

为了进一步验证这个问题，针对第一个问题，我们在图 8.4 中绘制了 MGRC 模型预测的句子匹配概率分布和答案开始/结束概率分布。其中 Start probability 和 End probability 分别代表该词是答案开始位置和结束位置的概率，即 $p^{(st)}$ 和 $p^{(ed)}$。Sentence probability 代表词所在句子包含正确答案的概率，即 $p^{(sen)}$。从图中我们可以观察到，10000 和 small 作为答案开始/结束的概率都很高，无法区分哪个是正确答案。这两个候选答案分布在不同的句子中，small（正确答案）所在的句子的概率显著高于 10000（错误答案）所在的句子的概率。因此在最终的答案选择过程中，句子语义匹配模块提供了更多区分正确答案和错误答案的信息，辅助 MGRC 模型抽取正确答案。

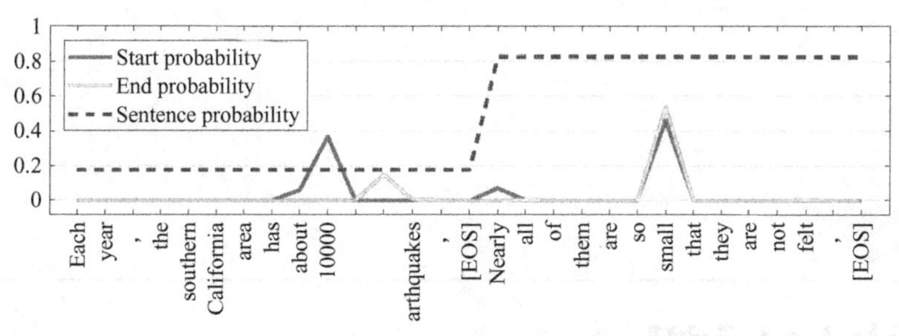

图 8.4　句子和词级别的预测概率分布

8.6　本章小结

本章针对机器阅读理解任务，提出了基于多粒度语义表示的阅读理解模型。受人类认知过程的启发，该模型在问题和文本表示方面引入了多粒度的语义表示，设计了两个级联的 BERT 编码器，对问题-文本的三种粒度的语义特征进行提取。我们提出了多粒度的语义匹配，综合段落识别、句子选择和答案提取三个不同粒度的语义匹配信息，进行答案抽取。另外，MGRC 模型是端到端的结构，可以避免“多阶段”模型存在的错误传递的问题，并且可以在不同的模块中共享参数，综合利用不同粒度的匹配信息。通过在四个抽取式 MRC 数据集上的实验验证，MGRC 模型可以显著地提升任务效果，证明了多粒度语义表示模块的有效性和鲁棒性。

第 9 章

总结与展望

9.1 本书总结

在人工智能性能取得突破性进展的今天，自然语言处理也在信息获取方面起着不可估量的作用，极大地促进了社会劳动生产力的解放。随着深度学习算法的逐步成熟，人工智能的应用也在加速落地。在自然语言处理方面，智能问答、机器翻译、智能检索等应用的兴起为人们获取高质量的信息节省了大量的成本。然而，目前主要的瓶颈问题在于自然语言理解能力依然不足。为此，本书针对自然语言处理领域中语义表示这一基础模块，进行了深入的研究，从语料、知识库、任务需求等多源信息中发掘承载文本语义特征的相关信息，之后通过联合学习模型将包括非结构化的上下文信息、结构化的知识、无监督的关联关系、实际任务特征等多种语义特征进行了融合，并学习高质量的语义向量表示空间。本书对文本语义向量化表示进行了详细阐述，包括基础理论、分布式表示方法、预训练语言模型等。然后针对基于知识和面向应用的语义表示方法进行了介绍，并详细介绍了如何将其应用于阅读理解任务中。总结来说：

本书提出基于语义结构的语义表示模型，融合知识库中的结构化知识。结构化知识与非结构化文本的统一联合表示是实现高效的语义向量化表示的关键技术。本书对知识库中的语义结构进行建模，设计概念聚合和词分散的原则，将自然语言中的上下文信息和知识库中的语义结构在向量空间中进行融合。然后利用神经网络对上下文信息预测和语义结构预测进行联合建模，学习融合上下文信息和语义结构的语义向量化表示。通过利用知识库中的语义结构信息，有效地解决了传统方法仅利用标注的词对关系，难以对稳定的、承载更多语义信息的图结构进行建模的问题。

针对文本分类任务，本书提出了融合词类别属性的任务导向的语义表示方法。自然语言处理任务中，语义表示方法对文本的任务属性的表示能力决定了该模型能否高效支撑实际任务。本书提出了一种任务导向的语义表示方法，在向量空间中突出词的任务属性。针对文本分类任务，我们首先利用标注语料对来自不同类别的文本进行分析，得到词在不同类别文本的权重分布，确定不同类别的重要词的集合。然后在语义向量空间构建过程中约束不同类别的词，使它们之间有明显的分类边界，实现将任务特征融入语义空间中。该方法突破了传统的语义表示模型仅考虑词普适的语义特征的局限，有效实现了对词任务特征的表示，从而增强了语义表示模型对下游任务的支撑能力，提高了文本理解的质量。

针对机器阅读理解任务，提出基于预训练语言模型的多粒度语义表示方法。机器阅读理解任务中需要对问题和文本进行语义匹配用于答案预测。本书提出了一种基于多粒度语义匹配的阅读理解模型。在预训练语言模型的基础上，我们重新设计了语义表示的结构，利用两个编码器学习问题和文本在三种不同粒度上的语义特征表示。然后进行问题和文本在多粒度上的语义匹配，综合利用不同粒度的匹配信息，辅助确定最终的答案。本书提出的方法增强了不同粒度的语义表示能力，可以过滤掉与问题不相关文本的干扰，提升机器阅读理解的效果。

9.2 未来研究方向展望

尽管本书所提出的方法通过融合多源信息提升了语义表示的效果，增强了自然语言文本理解的智能性，但是依然面临很多现阶段无法解决的问题。后续研究方向包括以下方面。

首先，本书所提出的知识与文本的联合表示模型主要使用简单的上下文关系，如动物—狗，球类—足球，无法处理诸如反义关系等其他语义关系。在后续研究中，通过更加有效的方法实现对知识库中多种复杂语义关系在统一空间中的表示是一个亟待解决的问题。因此，如何对更为全面的、复杂的语义关系进行建模，并使用更为有效的方法实现文本与知识之间的关联需要进一步研究。

其次，预训练语言模型利用大规模的文本数据、深层的模型和极高的计算开销训练而成，是目前最高质量的语义表示方法。这些模型为自然语言处理任务提供了预训练模型，为下游的自然语言处理任务提供了特征丰富的词语义表示，通过在具体任务上进行精调提升任务效果。在后续的研究中，我们将研究如何设计融合任务属性、常识和语义知识的预训练模型，更快捷、更高效地应用于后续自然语言处理任务。

参考文献

[1] Bengio Y, Ducharme R, Vincent P, et al. A Neural Probabilistic Language Model [J]. Journal of Machine Learning Research, 2003, 3: 1137-1155.

[2] Mikolov T, Chen K, Corrado G, et al. Efficient Estimation of Word Representations in Vector Space [J]. CoRR, 2013, abs/1301: 3781.

[3] Mikolov T, Sutskever I, Chen K, et al. Distributed Representations of Words and Phrases and their Compositionality [C]. Proceedings of NIPS, Lake Tahoe, Nevada, United States, 2013.

[4] Pennington J, Socher R, Manning C D. Glove: Global Vectors for Word Representation [C]. Proceedings of EMNLP, Doha, Qatar, 2014: 1532-1543.

[5] Qi F, Huang J, Yang C, et al. Modeling Semantic Compositionality with Sememe Knowledge[C]. Proceedings of ACL, Florence, Italy, 2019: 5706-5715.

[6] Sasaki S, Suzuki J, Inui K. Subword-based Compact Reconstruction of Word Embeddings [C]. Proceedings of NAACL-HLT, Minneapolis, MN, USA, 2019: 3498-3508.

[7] Xu C, Bai Y, Bian J, et al. RC-NET: A General Framework for Incorporating Knowledge into Word Representations [C]. Proceedings of CIKM, Shanghai, China, 2014.

[8] Faruqui M, Dodge J, Jauhar S K, et al. Retrofitting Word Vectors to Semantic Lexicons [C]. Proceedings of NAACL-HLT, Denver, Colorado, USA, 2015.

[9] Bollegala D, Alsuhaibani M, Maehara T, et al. Joint Word Representation Learning Using a Corpus and a Semantic Lexicon[C]. Proceedings of AAAI, Phoenix, Arizona, USA, 2016.

[10] Goikoetxea J, Agirre E, Soroa A. Single or Multiple? Combining Word Representations Independently Learned from Text and WordNet [C]. Proceedings of AAAI, Phoenix, Arizona, USA, 2016.

[11] Shen Y, Rong W, Jiang N, et al. Word Embedding Based Correlation Model for Question/Answer Matching [C]. Proceedings of AAAI, San Francisco, California, USA, 2017.

[12] Zhou G, He T, Zhao J, et al. Learning Continuous Word Embedding with Metadata for Question Retrieval in Community Question Answering [C]. Proceedings of ACL, Beijing, China, 2015: 250-259.

[13] Ganguly D, Roy D, Mitra M, et al. Word Embedding based Generalized Language Model for Information Retrieval [C]. Proceedings of SIGIR, Santiago, Chile, 2015: 795-798.

[14] Roy D. Word Embedding based Approaches for Information Retrieval [C]. Proceedings of BCS-IRSG Symposium on Future Directions in Information Access（FDIA), Barcelona, Spain, 2017.

[15] Frej J, Chevallet J, Schwab D. Enhancing Translation Language Models with Word Embedding for Information Retrieval：CoRR [J].,2018, abs/1801.03844.

[16] Zamani H, Croft W B. Relevance-based Word Embedding [C]. Proceedings of SIGIR, Shinjuku, Tokyo, Japan, 2017: 505-514.

[17] Wang R, Utiyama M, Liu L, et al. Instance Weighting for Neural Machine Translation Domain Adaptation [C]. Proceedings of EMNLP, Copenhagen, Denmark, 2017: 1482-1488.

[18] Ge L, Moh T. Improving text classification with word embedding [C]. Proceedings of International Conference on Big Data, Boston, MA, USA, 2017: 1796-1805.

[19] Ren Y, Zhang Y, Zhang M, et al. Improving Twitter Sentiment Classification Using Topic-Enriched Multi-Prototype Word Embeddings [C]. Proceedings of AAAI, Phoenix, Arizona, USA, 2016.

[20] Peters M E, Neumann M, Iyyer M, et al. Deep Contextualized Word Representations [C]. Proceedings of NAACL-HLT, New Orleans, Louisiana, USA, 2018: 2227-2237.

[21] Devlin J, Chang M, Lee K, et al. BERT: Pre-training of Deep Bidirectional Transformers for Language Understanding [C]. Proceedings of NAACL- HLT, Minneapolis, MN, USA, 2019: 4171-4186.

[22] Yang Z, Dai Z, Yang Y, et al. XLNet: Generalized Autoregressive Pretraining for Language Understanding [C]. Proceedings of NIPS, Vancouver, BC, Canada, 2019: 5754-5764.

[23] Liu Y, Ott M, Goyal N, et al. RoBERTa: A Robustly Optimized BERT Pretraining Approach [J]. CoRR, 2019, abs/1907.11692.

[24] Joshi M, Chen D, Liu Y, et al. SpanBERT: Improving Pre-training by Representing and Predicting Spans [J]. CoRR, 2019, abs/1907.10529.

[25] Radford A. Improving Language Understanding by Generative Pre-Training [C]. 2018.

[26] Firth J. Papers in linguistics, 1934-1951 [M/OL]. Oxford University Press, 1957.

[27] Salton G, Wong A, Yang C. A Vector Space Model for Automatic Indexing [J]. Commun. ACM, 1975, 18 (11): 613-620.

[28] Deerwester S C, Dumais S T, Landauer T K, et al. Indexing by Latent Semantic Analysis [J]. Journal of the Association for Information Science and Technology, 1990, 41 (6): 391-407.

[29] Jones K S. A statistical interpretation of term specificity and its application in retrieval [J]. Journal of Documentation, 2004, 60 (5): 493-502.

[30] Liu Y, Liu Z, Chua T, et al. Topical Word Embeddings [C]. Proceedings of AAAI, Austin, Texas, USA, 2015: 2418-2424.

[31] Murphy B, Talukdar P P, Mitchell T M. Learning Effective and Interpretable Semantic Models using Non-Negative Sparse Embedding [C]. Proceedings of COLING, Mumbai, India, 2012: 1933-1950.

[32] Brown P F, Pietra V J D, de Souza P V, et al. Class-Based n-gram Models of Natural Language [J]. Computational Linguistics, 1992, 18 (4): 467-479.

[33] Mnih A, Hinton G E. A Scalable Hierarchical Distributed Language Model [C]. Proceedings of NIPS, Vancouver, British Columbia, Canada, 2008.

[34] Mikolov T, Kombrink S, Burget L, et al. Extensions of recurrent neural network language model [C]. Proceedings of IEEE ICASSP, Prague, Czech Republic, 2011: 5528-5531.

[35] Collobert R, Weston J, Bottou L, et al. Natural Language Processing (Almost) from Scratch [J]. Journal of Machine Learning Research, 2011, 12: 2493-2537.

[36] Levy O, Goldberg Y. Neural Word Embedding as Implicit Matrix Factorization [C]. Processings of NIPS, Montreal, Quebec, Canada, 2014: 2177-2185.

[37] Li Y, Xu L, Tian F, et al. Word Embedding Revisited: A New Representation Learning and Explicit Matrix Factorization Perspective [C].

Proceedings of IJCAI, Buenos Aires, Argentina, 2015: 3650-3656.

[38] Vaswani A, Shazeer N, Parmar N, et al. Attention is All you Need [C]. Proceedings of NIPS, Long Beach, CA, USA, 2017: 5998-6008.

[39] Zhang Z, Han X, Liu Z, et al. ERNIE: Enhanced Language Representation with Informative Entities [C]. Proceedings of ACL, Florence, Italy, 2019: 1441-1451.

[40] Fu P, Lin Z, Yuan F, et al. Learning Sentiment-Specific Word Embedding via Global Sentiment Representation [C]. Proceedings of AAAI, New Orleans, LA, USA, 2018: 4808-4815.

[41] Wu Z, Dai X, Yin C, et al. Improving Review Representations With User Attention and Product Attention for Sentiment Classification [C]. Proceedings of AAAI, New Orleans, LA, USA, 2018: 5989-5996.

[42] Tang D, Wei F, Yang N, et al. Learning Sentiment-Specific Word Embedding for Twitter Sentiment Classification [C]. Proceedings of ACL, Baltimore, MD, USA, 2014: 1555-1565.

[43] Shi B, Fu Z, Bing L, et al. Learning Domain-Sensitive and Sentiment-Aware Word Embeddings [C]. Proceedings of ACL, Melbourne, Australia, 2018: 2494-2504.

[44] Wang Y, Huang H, Feng C, et al. CSE: Conceptual Sentence Embeddings based on Attention Model [C]. Proceedings of ACL, Berlin, Germany, 2016.

[45] Reimers N, Gurevych I. Sentence-BERT: Sentence Embeddings using Siamese BERT Networks [C]. Proceedings of EMNLP-IJCNLP, Hong Kong, China, 2019: 3980-3990.

[46] Zheng X, Feng J, Chen Y, et al. Learning Context-Specific Word/ Character Embeddings [C]. Proceedings of AAAI, San Francisco, California, USA,

2017: 3393-3399.

[47] Sun Y, Lin L, Yang N, et al. Radical-Enhanced Chinese Character Embedding [C]. Proceedings of ICONIP, Kuching, Malaysia, 2014: 279-286.

[48] Faruqui M, Dyer C. Improving Vector Space Word Representations Using Multilingual Correlation [C]. Proceedings of EACL, Gothenburg, Sweden, 2014: 462-471.

[49] Hill F, Cho K, Jean S, et al. Embedding Word Similarity with Neural Machine Translation [J]. CoRR, 2014, abs/1412.6448.

[50] Conneau A, Lample G. Cross-lingual Language Model Pretraining [C]. Wallach H M, Larochelle H, Beygelzimer A, et al. Proceedings of NeurIPS, Vancouver, BC, Canada, 2019: 7057-7067.

[51] Chi Z, Dong L, Wei F, et al. Cross-Lingual Natural Language Generation via Pre-Training [C]. Proceedings of AAAI, Honolulu, Hawaii, USA, 2019.

[52] Pan S J, Yang Q. A Survey on Transfer Learning [J]. IEEE Transactions on Knowledge and Data Engineering, 2010, 22 (10): 1345-1359.

[53] Bollegala D, Maehara T, Kawarabayashi K. Unsupervised Cross-Domain Word Representation Learning [C]. Proceedings of ACL, Beijing, China, 2015: 730-740.

[54] Bollegala D, Mu T, Goulermas J Y. Cross-Domain Sentiment Classification Using Sentiment Sensitive Embeddings [J]. IEEE Transactions on Knowledge and Data Engineering, 2016, 28 (2): 398-410.

[55] Yang W, Lu W, Zheng V. A Simple Regularization-based Algorithm for Learning Cross-Domain Word Embeddings [C]. Proceedings of EMNLP, Copenhagen, Denmark, 2017: 2898-2904.

[56] Diaz F, Mitra B, Craswell N. Query Expansion with Locally-Trained

Word Embeddings [C]. Proceedings of ACL, Berlin, Germany, 2016.

[57] Hermann K M, Kociský T, Grefenstette E, et al. Teaching Machines to Read and Comprehend [C]. Proceedings of NIPS, Montreal, Quebec, Canada, 2015: 1693-1701.

[58] Xiong C, Zhong V, Socher R. Dynamic Coattention Networks For Question Answering [C]. Proceedings of ICLR, Toulon, France, 2017.

[59] Yang A, Wang Q, Liu J, et al. Enhancing Pre-Trained Language Representations with Rich Knowledge for Machine Reading Comprehension [C]. Proceedings of ACL, Florence, Italy, 2019: 2346-2357.

[60] Wang C, Jiang H. Explicit Utilization of General Knowledge in Machine Reading Comprehension [C]. Proceedings of ACL, Florence, Italy, 2019: 2263-2272.

[61] Hu M, Wei F, Peng Y, et al. Read + Verify: Machine Reading Comprehension with Unanswerable Questions [C]. Proceedings of AAAI, Honolulu, Hawaii, USA, 2019: 6529-6537.

[62] Nie Y, Wang S, Bansal M. Revealing the Importance of Semantic Retrieval for Machine Reading at Scale [C]. Proceedings of EMNLP-IJCNLP, Hong Kong, China, 2019: 2553-2566.

[63] Iacobacci I, Pilehvar M T, Navigli R. SensEmbed: Learning Sense Embeddings for Word and Relational Similarity [C]. Proceedings of ACL, Beijing, China, 2015: 95-105.

[64] Sun F, Guo J, Lan Y, et al. Learning Word Representations by Jointly Modeling Syntagmatic and Paradigmatic Relations [C]. Proceedings of ACL, Beijing, China, 2015: 136-145.

[65] Rothe S, Schütze H. AutoExtend: Extending Word Embeddings to

Embeddings for Synsets and Lexemes [C]. Proceedings of ACL, Beijing, China, 2015: 1793-1803.

[66] Nam J, Loza Mencía E, Fürnkranz J. All-in Text: Learning Document, Label, and Word Representations Jointly [C]. Proceedings of AAAI, Phoenix, Arizona, USA, 2016: 1948-1954.

[67] Agrawal R, Srikant R. Fast Algorithms for Mining Association Rules in Large Databases [C]. Proceedings of VLDB, Santiago de Chile, Chile, 1994: 487-499.

[68] Vaidya J, Clifton C. Privacy preserving association rule mining in vertically partitioned data [C]. Proceedings of KDD, Edmonton, Alberta, Canada, 2002: 639-644.

[69] Wang G, Li C, Wang W, et al. Joint Embedding of Words and Labels for Text Classification [C]. Proceedings of ACL, Melbourne, Australia, 2018: 2321-2331.

[70] Mascarell L. Lexical Chains meet Word Embeddings in Document-level Statistical Machine Translation [C]. Proceedings of EMNLP Workshop, Copenhagen, Denmark, 2017.

[71] Mnih A, Kavukcuoglu K. Learning word embeddings efficiently with noise-contrastive estimation [C]. Proceedings of NIPS, Lake Tahoe, Nevada, United States, 2013.

[72] Lebret R, Collobert R. Word Embeddings through Hellinger PCA [C]. Proceedings of EACL, Gothenburg, Sweden, 2014.

[73] Li J, Li J, Fu X, et al. Learning distributed word representation with multi-contextual mixed embedding [J]. Knowledge-Based Systems, 2016, 106: 220-230.

[74] Levy O, Goldberg Y. Dependency-Based Word Embeddings [C]. Proceedings of ACL, Baltimore, MD, USA, 2014: 302-308.

[75] Bollegala D, Maehara T, Yoshida Y, et al. Learning Word Representations from Relational Graphs [C]. Proceedings of AAAI, Austin, Texas, USA, 2015: 2146-2152.

[76] Turney P D, Pantel P. From Frequency to Meaning: Vector Space Models of Semantics [J]. Journal of Artificial Intelligence Research, 2010, 37: 141-188.

[77] Simon G J, Kumar V, Li P W. A simple statistical model and association rule filtering for classification [C]. Proceedings of SIGKDD, San Diego, CA, USA, 2011: 823-831.

[78] Sarker I H, Salim F D. Mining User Behavioral Rules from Smartphone Data Through Association Analysis [C]. Proceedings of PAKDD, Melbourne, VIC, Australia, 2018: 450-461.

[79] Bulut D, Gursoy U T, Kurtulus K. Multiple Buying Behavior as an Indicator of Brand Loyalty: An Association Rule Application [C]. Proceedings of ICDM, Dallas, TX, USA, 2013: 193-204.

[80] Balaneshinkordan S, Kotov A. An Empirical Comparison of Term Association and Knowledge Graphs for Query Expansion [C]. Proceedings of ECIR, Padua, Italy, 2016: 761-767.

[81] Bouziri A, Latiri C, Gaussier É, et al. Learning Query Expansion from Association Rules Between Terms [C]. Proceedings of KDIR, Lisbon, Portugal, 2015: 525-530.

[82] Blei D M, Ng A Y, Jordan M I. Latent Dirichlet Allocation [J]. Journal of Machine Learning Research, 2003, 3: 993-1022.

[83] Blitzer J, Dredze M, Pereira F. Biographies, Bollywood, Boom-boxes and

Blenders: Domain Adaptation for Sentiment Classification [C]. Proceedings of ACL, Prague, Czech Republic, 2007.

[84] Hu M, Liu B. Mining and summarizing customer reviews [C]. Proceedings of SIGKDD, Seattle, WA, USA, 2004: 168-177.

[85] Li X, Roth D. Learning Question Classifiers [C]. Proceedings of COLING, Taipei, Taiwan, 2002.

[86] Kim Y. Convolutional Neural Networks for Sentence Classification [C]. Proceedings of EMNLP, Doha, Qatar, 2014: 1746-1751.

[87] Robertson S E, Zaragoza H, Taylor M J. Simple BM25 extension to multiple weighted fields [C]. Proceedings of CIKM, Washington, DC, USA, 2004: 42-49.

[88] Fellbaum C. Wordnet: An electronic lexical database. 1998.

[89] Bollacker K, Evans C, Paritosh P, et al. Freebase: a collaboratively created graph database for structuring human knowledge [C]. Proceedings of ACM SIGMOD, Vancouver, BC, Canada, 2008: 1247-1250.

[90] Ponzetto S P, Navigli R. Knowledge-rich word sense disambiguation rivaling supervised systems [C]. Proceedings of ACL, Uppsala, Sweden, 2010: 1522-1531.

[91] Bollegala D, Maehara T, Kawarabayashi K. Embedding Semantic Relations into Word Representations [C]. Proceedings of IJCAI, Buenos Aires, Argentina, 2015: 1222-1228.

[92] Liu Q, Jiang H, Wei S, et al. Learning Semantic Word Embeddings based on Ordinal Knowledge Constraints [C]. Proceedings of ACL, Beijing, China, 2015.

[93] Yu M, Dredze M. Improving Lexical Embeddings with Semantic Knowledge [C]. Proceedings of ACL, Baltimore, MD, USA, 2014.

[94] Xuan J, Luo X, Zhang G, et al. Uncertainty Analysis for the Keyword System of Web Events [J]. IEEE Transactions on Systems, Man, and Cybernetics: Systems, 2016, 46 (6): 829-842.

[95] Xuan J, Lu J, Zhang G, et al. Bayesian Nonparametric Relational Topic Model through Dependent Gamma Processes [J]. IEEE Transactions on Knowledge and Data Engineering, 2017, 29 (7): 1357-1369.

[96] Bordes A, Usunier N, García-Durán A, et al. Translating Embeddings for Modeling Multi-relational Data [C]. Proceedings of NIPS, Lake Tahoe, Nevada, United States, 2013.

[97] Wang Z, Zhang J, Feng J, et al. Knowledge Graph Embedding by Translating on Hyperplanes [C]. Proceedings of AAAI, Québec City, Québec, Canada, 2014: 1112-1119.

[98] Lin Y, Liu Z, Sun M, et al. Learning Entity and Relation Embeddings for Knowledge Graph Completion [C]. Proceedings of AAAI, Austin, Texas, USA, 2015: 2181-2187.

[99] Ji G, He S, Xu L, et al. Knowledge Graph Embedding via Dynamic Mapping Matrix [C]. Proceedings ACL, Beijing, China, 2015: 687-696.

[100] Ji G, Liu K, He S, et al. Knowledge Graph Completion with Adaptive Sparse Transfer Matrix [C]. Proceedings of AAAI, Phoenix, Arizona, USA, 2016: 985-991.

[101] Wang Z, Zhang J, Feng J, et al. Knowledge Graph and Text Jointly Embedding [C]. Proceedings of EMNLP, Doha, Qatar, 2014: 1591-1601.

[102] Zhong H, Zhang J, Wang Z, et al. Aligning Knowledge and Text Embeddings by Entity Descriptions [C]. Proceedings of EMNLP, Lisbon, Portugal, 2015: 267-272.

[103] Wang Z, Li J. Text-Enhanced Representation Learning for Knowledge Graph [C]. Proceedings of IJCAI, New York, NY, USA, 2016: 1293-1299.

[104] Johansson R, Piña L N. Embedding a Semantic Network in a Word Space [C]. Proceedings of NAACL-HLT, Denver, Colorado, USA, 2015.

[105] Miller G A. WordNet: a lexical database for English [J]. Communications of the ACM, 1995, 38 (11): 39-41.

[106] Ganitkevitch J, Durme B V, Callison-Burch C. PPDB: The Paraphrase Database [C]. Proceedings of NAACL-HLT, Atlanta, Georgia, USA, 2013: 758-764.

[107] Spearman C. The Proof and Measurement of Association between Two Things [C]. 1904: 72-101.

[108] Miller G A, Charles W G. Contextual correlates of semantic similarity [C]. 1991: 1-28.

[109] Bruni E, Boleda G, Baroni M, et al. Distributional Semantics in Technicolor [C]. Proceedings of ACL, Jeju Island, Korea, 2012.

[110] Luong T, Socher R, Manning C D. Better Word Representations with Recursive Neural Networks for Morphology [C]. Proceedings of CoNLL, Sofia, Bulgaria, 2013.

[111] Baker S, Reichart R, Korhonen A. An Unsupervised Model for Instance Level Subcategorization Acquisition [C]. Proceedings of EMNLP, Doha, Qatar, 2014.

[112] Agirre E, Alfonseca E, Hall K, et al. A study on similarity and relatedness using distributional and wordnet-based approaches [C]. Proceedings of NAACL-HLT, Boulder, CO, USA, 2009.

[113] Le Q V, Mikolov T. Distributed Representations of Sentences and Documents [C]. Proceedings of ICML, Beijing, China, 2014: 1188-1196.

[114] Cao S, Lu W. Improving Word Embeddings with Convolutional Feature Learning and Subword Information [C]. Proceedings of AAAI, San Francisco, California, USA, 2017: 3144-3151.

[115] Chih Y L, Jin W, Robert L K, et al. Refining Word Embeddings for Sentiment Analysis [C]. Proceedings of EMNLP, Copenhagen, Denmark, 2017: 534-539.

[116] Mohammad S, Dorr B J, Hirst G. Computing Word-Pair Antonymy [C]. Proceedings of EMNLP, Honolulu, Hawaii, USA, 2008: 982-991.

[117] Li L, Qin B, Liu T. Contradiction Detection with Contradiction-Specific Word Embedding [J]. Algorithms, 2017, 10 (2): 59.

[118] Chen Z, Lin W, Chen Q, et al. Revisiting Word Embedding for Contrasting Meaning [C]. Proceedings of ACL, Beijing, China, 2015: 106-115.

[119] Maas A L, Daly R E, Pham P T, et al. Learning Word Vectors for Sentiment Analysis [C]. Proceedings of ACL, Portland, Oregon, USA, 2011: 142-150.

[120] Pang B, Lee L. Seeing Stars: Exploiting Class Relationships for Sentiment Categorization with Respect to Rating Scales [C]. Proceedings of ACL, University of Michigan, USA, 2005: 115-124.

[121] Socher R, Perelygin A, Wu J Y, et al. Recursive deep models for semantic compositionality over a sentiment treebank [C]. Proceedings of EMNLP, Seattle, WA, USA, 2013.

[122] Chen D. Neural Reading Comprehension and Beyond [D]. [S. l.]: Stanford University, 2018.

[123] Lai G, Xie Q, Liu H, et al. RACE: Large-scale ReAding Comprchension Dataset From Examinations [C]. Proceedings of EMNLP, Copenhagen, Denmark, 2017: 785-794.

[124] Kwiatkowski T, Palomaki J, Redfield O, et al. Natural Questions: a Benchmark for Question Answering Research [J]. Transactions of the Association for Computational Linguistics, 2019, 7: 452- 466.

[125] Nguyen T, Rosenberg M, Song X, et al. MS MARCO: A Human Generated MAchine Reading COmprehension Dataset [C]. Proceedings of NIPS, Barcelona, Spain, 2016.

[126] Wang S, Jiang J. Machine Comprehension Using Match-LSTM and Answer Pointer [C]. Proceedings of ICLR, Toulon, France, 2017.

[127] Hu M, Peng Y, Wei F, et al. Attention-Guided Answer Distillation for Machine Reading Comprehension [C]. Proceedings of EMNLP, Brussels, Belgium, 2018: 2077-2086.

[128] Tay Y, Luu A T, Hui S C, et al. Densely Connected Attention Propagation for Reading Comprehension [C]. Processings of NeurIPS, Montréal, Canada, 2018: 4911-4922.

[129] Peters M E, Neumann M, Iyyer M, et al. Deep contextualized word representations [C]. Proceedings of NAACL, New Orleans, LA, USA, 2018.

[130] Rajpurkar P, Jia R, Liang P. Know What You Don’t Know: Unanswerable Questions for SQuAD [C]. Proceedings of ACL, Melbourne, Australia, 2018: 784-789.

[131] Choi E, Hewlett D, Uszkoreit J, et al. Coarse-to-fine question answering for long documents [C]. Proceedings of ACL, Vancouver, Canada, 2017: 209-220.

[132] Swayamdipta S, Parikh A P, Kwiatkowski T. Multi-Mention Learning for Reading Comprehension with Neural Cascades [C]. Proceedings of ICLR, Vancouver, BC, Canada, 2018.

[133] Min S, Zhong V, Socher R, et al. Efficient and robust question answering from minimal context over documents [C]. Proceedings of ACL,

Melbourne, Australia, 2018: 1725-1735.

[134] Zhong V, Xiong C, Keskar N S, et al. Coarse-grain Fine-grain Coattention Network for Multievidence Question Answering [C]. Proceedings of ICLR, New Orleans, LA, USA, 2019.

[135] Wang S, Yu M, Guo X, et al. R^3: Reinforced Ranker-Reader for Open-Domain Question Answering [C]. Proceedings of AAAI, New Orleans, LA, USA, 2018: 5981-5988.

[136] Hu M, Peng Y, Huang Z, et al. Retrieve, Read, Rerank: Towards End-to-End Multi-Document Reading Comprehension [C]. Proceedings of ACL, Florence, Italy, 2019: 2285-2295.

[137] Wu Y, Schuster M, Chen Z, et al. Google's Neural Machine Translation System: Bridging the Gap between Human and Machine Translation [J]. CoRR, 2016, abs/1609.08144.

[138] Chen D, Fisch A, Weston J, et al. Reading Wikipedia to Answer Open-Domain Questions [C]. Proceedings of ACL, Vancouver, Canada, 2017: 1870-1879.

[139] Rajpurkar P, Zhang J, Lopyrev K, et al. SQuAD: 100, 000+ Questions for Machine Comprehension of Text [C]. Proceedings of EMNLP, Austin, Texas, USA, 2016: 2383-2392.

[140] Trischler A, Wang T, Yuan X, et al. NewsQA: A Machine Comprehension Dataset [C]. Proceedings of Rep4NLPACL, Vancouver, Canada, 2017: 191-200.

[141] Kundu S, Ng H T. A Question-Focused Multi-Factor Attention Network for Question Answering [C]. Proceedings of AAAI, New Orleans, LA, USA, 2018: 5828-5835.

[142] Jia R, Liang P. Adversarial Examples for Evaluating Reading Comprehension Systems [C]. Proceedings of EMNLP, Copenhagen, Denmark, 2017: 2021-2031.